制药工业

原料药制造排污许可证申请与核发技术规范解读

ZHIYAO GONGYE

YUANLIAOYAO ZHIZAO PAIWU XUKEZHENG SHENQING
YU HEFA JISHU GUIFAN JIEDU

■ 郭斌 杜昭 主编

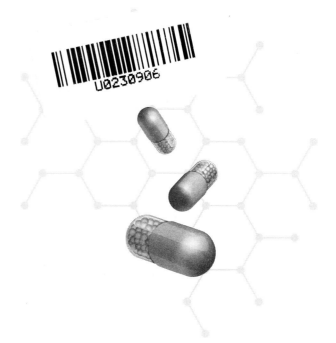

化学工业出版社

·北京·

本书对制药工业概况、国内外相关标准情况、制药行业排污许可技术规范主要内容、排污许可证核发审核要点、典型案例进行了详细的分析和介绍，并在附录中收录了国家有关排污许可制度的相关法规文件与要求。

本书为企业填写申报、环境管理人员审核判定给出了详细的解读，对指导制药工业——原料药制造企业排污许可证的申请与核发有着重要意义，可供环境保护管理部门、制药工业原料药制造排污单位相关工作人员参考，也可供高等学校环境工程及相关专业师生参阅。

图书在版编目（CIP）数据

制药工业——原料药制造排污许可证申请与核发技术规范解读/郭斌，杜昭主编. —北京：化学工业出版社，2018.1
ISBN 978-7-122-31049-1

Ⅰ. ①制… Ⅱ. ①郭…②杜… Ⅲ. ①制药工业-排污许可证-技术规范-中国 Ⅳ. ①X787-65

中国版本图书馆 CIP 数据核字（2017）第 288732 号

责任编辑：刘兴春 刘 婧　　　　　　　　　装帧设计：史利平
责任校对：边 涛

出版发行：化学工业出版社（北京市东城区青年湖南街 13 号　邮政编码 100011）
印　　装：三河市延风印装有限公司
710mm×1000mm　1/16　印张 15¾　字数 316 千字　2018 年 3 月北京第 1 版第 1 次印刷

购书咨询：010-64518888（传真：010-64519686）　售后服务：010-64518899
网　　址：http://www.cip.com.cn
凡购买本书，如有缺损质量问题，本社销售中心负责调换。

定　　价：68.00 元　　　　　　　　　　　　　　　版权所有　违者必究

《制药工业——原料药制造排污许可证申请与核发技术规范解读》

编 写 人 员

主　　编：郭　斌　杜　昭

副 主 编：李国昊　陈长伟　任爱玲　吕晓君

编写人员：郭　斌　杜　昭　李国昊　陈长伟　任爱玲

　　　　　吕晓君　张道新　王勇军　吴唐健　叶俊涛

　　　　　耿媛媛　张　轩　郑小宁　段二红　赵文霞

　　　　　韩　静　王　欣　宋　旸　王　琦　李丹阳

　　　　　李树琰　王红红　张东隅

编写单位：

河北科技大学

北京市环境保护科学研究院

河北华药环境保护研究所有限公司

环境保护部环境工程评估中心

中国化学制药工业协会

恒联海航（北京）管理咨询有限公司

河北省环境科学学会

前言
FOREWORD

我国全面推行排污许可，对于固定污染源的环境管理将逐步转向综合许可、一证式管理的模式，要求 2020 年年底前完成国控重点污染源及排污权有偿使用和交易试点地区污染源排污许可证的核发工作。本书对《排污许可证申请与核发技术规范：制药工业——原料药制造》标准制订的必要性分析、我国制药工业现状、制药行业排污许可技术规范主要内容、排污许可证核发审核要点、典型案例分析进行了详细的介绍，并在附录中收录了国家有关排污许可制度的相关法规文件与要求。

本书对企业填写申报、环境管理人员审核判定排污许可证给出了详细的解读，给出了制药工业——原料药制造排污单位排污许可证申请与核发的基本情况填报要求、许可排放限值确定、实际排放量核算、合规判定的技术方法以及自行监测、环境管理台账与排污许可证执行报告等环境管理要求，以及制药工业——原料药制造污染防治可行技术要求等内容。本书具体给出了企业填报中应注意的问题，环境管理部门审核的重点和核查方法，具有较强的操作性和实用性，对指导制药工业——原料药制造企业排污许可证申请与核发有着重要意义。

本书适用于进一步加工化学药品制剂所需的原料药的生产、主要用于药物生产的医药中间体的生产及兽用药品制造（化学原料药）排污单位排放的大气污染物和水污染物的排污许可管理，可用于指导制药工业——原料药制造排污单位填报《排污许可证申请表》及在全国排污许可证管理信息平台上填申报系统填报相关申请信息，同时适用于指导核发机关对制药工业——原料药制造排污单位排污许可证的审核与核发。

限于编者编写时间与水平，书中不足及疏漏之处在所难免，敬请读者提出修改建议。

编者
2017 年 10 月

目 录
CONTENTS

绪论

自 1984 年《中华人民共和国水污染防治法》要求开展排污许可以来，我国陆续在全国各地开展了水污染排污许可证和大气污染排污许可证管理。

国家环保局于 1988 年 3 月颁发了《水污染物排放许可证管理暂行办法》（以下简称《暂行办法》），对如何颁发水污染物排放许可证做出规定。此后的 1989 年 7 月，经国务院批准，国家环保局发布了《水污染防治法实施细则》，对如何颁发排污许可证也做出规定。1995 年国务院发布的《淮河流域水污染防治暂行条例》明确载有排污许可制度的有关规定。

2000 年颁布的《水污染防治法实施细则》规定："县级以上地方人民政府环境保护部门根据总量控制实施方案，审核本行政区域内向该水体排污的单位的重点污染物排放量，对不超过排放总量控制指标的发给排污许可证；对超过排放总量控制指标的，限期治理，限期治理期间，发给临时排污许可证。"

2001 年国家环保局颁布了《淮河和太湖流域排放重点水污染物许可证管理办法》。

2003 年 3 月，国务院发布了新的《水污染防治法实施细则》，对于如何审核颁发排污许可证做出新的规定。

直到 2000 年 4 月，第九届全国人民代表大会常务委员会第十五次会议修订通过《大气污染防治法》，正式确立大气污染物排放许可制度。《大气污染防治法》第十五条规定："大气污染物总量控制区内有关地方人民政府依照国务院规定的条件和程序，按照公开、公平、公正原则，核定企业事业单位的主要大气污染物排放总量，核发主要大气污染物排放许可证。有大气污染物总量控制任务的企业事业单位，必须按照核定的主要大气污染物排放总量和许可证规定的排放条件排放污染物。"

2008 年修订的《水污染防治法》规定："国家实行排污许可制度。直接或者间接向水体排放工业废水和医疗污水以及其他按照规定应当取得排污许可证方可排放的废水、污水的企业事业单位，应当取得排污许可证；城镇污水集中处理设施的运营单位，也应当取得排污许可证。"

2008 年，国家环境保护总局颁布了《排污许可证管理条例》（征求意见稿），对排污许可证的管理进行了广泛的意见征求。该条例重点解决了排污许可证发放的范围与条件、持证排污者的权利和义务、环保部门对排污者的监管以及法律责任等问题，但该《排污许可证管理条例》未能明确排污许可量与总量控制等其他政策的关系，因此被搁置。

2011年修正的《淮河流域水污染防治条例》规定："在淮河流域排污总量控制计划确定的重点排污区域内的排污单位和重点排污控制区域外的重点排污单位，必须按照国家有关规定申请领取排污许可证""淮河流域……持有排污许可证的单位应当保证其排污总量不超过排污许可证规定的排污总量控制指标。"

2014年修订的《环境保护法》规定："国家依照法律规定实行排污许可管理制度。实行排污许可管理的企业事业单位和其他生产经营者应当按照排污许可证的要求排放污染物；未取得排污许可证的，不得排放污染物。"

为贯彻落实《环境保护法》，进一步规范排污许可证的核发和管理，2014年，环境保护部组织起草了《排污许可证管理暂行办法》（征求意见稿），并向全社会征求意见。该办法共四章、三十七条。第一章"总则"主要是规定适用范围、许可事项、实施主体、分级管理等方面的规定。第二章"申请与核发"主要是规定排污许可证的申领范围、许可条件、许可内容、受理流程、审核流程、载明事项等内容。第三章"管理和监督"主要规定了持证排污单位的义务以及环境保护主管部门为了实现对排污单位的监管所能采取的主要控制措施。第四章"附则"主要规定了分阶段实施计划、文本格式、新老许可证实施期限的衔接等。

2015年修订的《大气污染防治法》规定："排放工业废气或者本法第七十八条规定名录中所列有毒有害大气污染物的企业事业单位、集中供热设施的燃煤热源生产运营单位以及其他依法实行排污许可管理的单位，应当取得排污许可证。排污许可的具体办法和实施步骤由国务院规定。"

2016年11月10日颁布的《控制污染物排放许可制实施方案》对完善控制污染物排放许可制度、实施企事业单位排污许可证管理做出总体部署和系统安排。要求对固定污染源实施全过程管理和多污染物协同控制，实现系统化、科学化、法治化、精细化、信息化的"一证式"管理。提出规范有序发放排污许可证，逐步推进排污许可证全覆盖；构建统一信息平台，加大信息公开力度等重点工作。

2016年12月23日印发的《排污许可证管理暂行规定》规定："规范排污许可证申请、审核、发放、管理等程序，明确要求各地可根据《排污许可证管理暂行规定》，进一步细化管理程序和要求，制定本地实施细则。"

2016年12月27日印发的《开展火电、造纸行业和京津冀试点城市高架源排污许可证管理工作》规定："各地应立即启动火电、造纸行业排污许可证管理工作。同时，为推动京津冀地区大气污染防治工作，环境保护部决定京津冀部分城市试点开展高架源排污许可证管理工作。"

经过30多年的历史发展，我国排污许可制在2016年迎来了重大的改革，下面对排污许可的制度革新内容与要求进行梳理。

（1）排污许可制度的法律依据

《水污染防治法》第二十条规定："国家实行排污许可制度。直接或者间接向水体排放工业废水和医疗污水以及其他按照规定应当取得排污许可证方可排放的废水、污水的企业事业单位，应当取得排污许可证；城镇污水集中处理设施的运营单位，也应当取得排污许可证。禁止企业事业单位无排污许可证或者违反排污许可证的规定向水体排放前款规定的废水、污水。"《大气污染防治法》第十九条规定："排放工业废气或者本法第七十八条规定名录中所列有毒有害大气污染物的企业事业单位、集中供热设施的燃煤热源生产运营单位以及其他依法实行排污许可管理的单位，应当取得排污许可证。"《环境保护法》第四十五条规定："国家依照法律规定实行排污许可管理制度。实行排污许可管理的企业事业单位和其他生产经营者应当按照排污许可证的要求排放污染物；未取得排污许可证的，不得排放污染物。"《水污染防治法》和《大气污染防治法》均规定排污许可的具体办法和实施步骤由国务院规定。

《控制污染物排放许可制实施方案》（以下简称《方案》）的发布，是落实党中央国务院的决策部署，是依法明确排污许可的具体办法和实施步骤的指导性文件。

（2）排污许可实施综合许可、一证式管理

实施综合许可，是指将一个企业或者排污单位的污染物排放许可在一个排污许可证集中规定，现阶段主要包括大气和水污染物。这一方面是为了更好地减轻企业负担，减少行政审批数量；另一方面是避免为了单纯降低某一类污染物排放而导致污染转移。环保部门应当加大综合协调，充分运用信息化手段，做好不同环境要素的综合许可。

一证式管理既指大气和水等要素的环境管理在一个许可证中综合体现，也指大气和水等污染物的达标排放、总量控制等各项环境管理要求；新增污染源环境影响评价各项要求以及其他企事业单位应当承担的污染物排放的责任和义务均应当在许可证中规定，企业守法、部门执法和社会公众监督也都应当以此为主要或者基本依据。

（3）实施排污许可制改善环境质量

当前我国环境管理的核心是改善环境质量。减少污染物排放是实现环境质量改善的根本手段。固定污染源是我国污染物排放主要来源，且达标排放情况不容乐观。排污许可证抓住固定污染源实质就是抓住了工业污染防治的重点和关键。对于现有企业，减排的方式主要是生产工艺革新、技术改造或增加污染治理设施、强化环境管理，排污许可证重点对污染治理设施、污染物排放浓度、排放量以及管理要求进行许可，通过排污许可证强化环境保护精细化管理，促进企业达标排放，并有效控制区域流域污染物排放量。

《方案》提出了多项以排污许可证为载体，不断降低污染物排放，从而促进改善环境质量的制度安排。一是对于环境质量不达标或有改善任务的地区，省级人民政府可以通过提高排放标准，加严排污单位的许可排放浓度和排放量，从而达到改善环境质量目的；二是环境质量不达标地区，对环境质量负责的县级以上地方人民政府可通过依法制定环境质量限期达标规划，对排污单位提出更加严格的要求；三是各地方人民政府依法制定的重污染天气应对措施，以及地方限期达标规划或有关水污染防治应急预案中枯水期环境管理要求等，针对特殊时段排污行为提出更加严格的要求，在许可证中载明，使得企业对污染物排放精细化管理的预期明确，有效支撑环境质量改善。

（4）排污许可制度实现污染物总量控制相关要求

排污许可制度是落实企事业单位总量控制要求的重要手段，通过排污许可制改革，改变从上往下分解总量指标的行政区域总量控制制度，建立由下向上的企事业单位总量控制制度，将总量控制的责任回归到企事业单位，从而落实企业对其排放行为负责、政府对其辖区环境质量负责的法律责任。

排污许可证载明的许可排放量即为企业污染物排放的天花板，是企业污染物排放的总量指标，通过在许可证中载明，使企业知晓自身责任，政府明确核查重点，公众掌握监督依据。一个区域内所有排污单位许可排放量之和就是该区域固定源总量控制指标，总量削减计划即是对许可排放量的削减；排污单位年实际排放量与上一年度的差值，即为年度实际排放变化量。

改革现有的总量核算与考核办法，总量考核服从质量考核。把总量控制污染物逐步扩大到影响环境质量的重点污染物，总量控制的范围逐步统一到固定污染源，对环境质量不达标地区，通过提高排放标准等，依法确定企业更加严格的许可排放量，从而服务改善环境质量的目标。

（5）排污许可制与环评制度衔接

环境影响评价制度与排污许可制度都是我国污染源管理的重要制度。如何实现环评制度和排污许可制度的有效衔接是排污许可制改革的重点。《方案》中提出，通过改革实现对固定污染源从污染预防到污染管控的全过程监管，环评管准入，许可管运营。

环评制度重点关注新建项目选址布局、项目可能产生的环境影响和拟采取的污染防治措施。排污许可与环评在污染物排放上进行衔接。在时间节点上，新建污染源必须在产生实际排污行为之前申领排污许可证；在内容要求上，环境影响评价审批文件中与污染物排放相关内容要纳入排污许可证；在环境监管上，对需要开展环境影响后评价的，排污单位排污许可证执行情况应作为环境影响后评价的主要依据。

（6）纳入排污许可管理的企业

在《水污染防治法》《大气污染防治法》的法律框架下，实施方案要求环保部制定《固定污染源排污许可分类管理名录》（以下简称《名录》），在《名录》范围内的企业将纳入排污许可管理。《名录》主要包括实施许可证的行业、实施时间。排污许可分类管理名录是一个动态更新名录，它将根据法律法规的最新要求和环境管理的需要进行动态更新。

《名录》以《国民经济行业分类》为基础，按照污染物产生量、排放量以及环境危害程度，明确哪些行业实施排污许可，以及这些行业中的哪些类型企业可实施简化管理。《名录》还将规定国家按行业推动排污许可证核发的时间安排；对于国家暂不统一推动的行业，地方可依据改善环境质量的要求，优先纳入排污许可管理的行业。《名录》的制定将向社会公开征求意见。

对于移动污染源、农业面源，不按固定污染源排污许可制进行管理。

（7）排污许可证的核发权限

排污许可证核发权限确定的基本原则是"属地监管"以及"谁核发、谁监管"。根据《方案》，核发权限在县级以上地方环保部门。具体来看，随着省以下环保机构监测监察执法垂直管理制度改革试点工作的开展，地市级环保部门将承担更多的核发工作。对于地方性法规有具体要求的，按其规定执行。如宁夏回族自治区已通过《宁夏回族自治区污染物排放管理条例》，该条例明确"对于总装机容量超过30万千瓦以上的燃煤电厂及石油化工"等重点排污单位，其排污许可证的核发权限为自治区环境保护主管部门。环保部将尽快制定相关文件，进一步明确排污许可证的核发权限。

此外，《方案》中还明确上级环保部门可依法撤销下级环保部门核发的排污许可证。《中华人民共和国行政许可法》中可以撤销不当行政许可的各种情形，也同样适用于排污许可证的核发。

（8）地方现有已经核发的排污许可证的管理

由于我国现有各地方排污许可证存在许可内容不统一、许可要求不统一、许可规范不统一等问题，而本次改革的目标之一就是要统一规范管理全国排污许可证，实现企业和地区之间的公平。因此，依据地方性法规核发的排污许可证仍然有效。对于依据地方政府规章等核发的排污许可证，持证企事业单位和其他生产经营者应按照排污许可分类管理名录的时间要求，向具有核发权限的机关申请核发排污许可证。核发机关应当在国家排污许可证管理信息平台填报数据，获取排污许可证编码，换发新的全国统一的排污许可证，从而纳入新系统进行管理。如果不能满足最新的许可要求，则应当要求企业在规定时间内向核发机关申请变更排污许可证。

（9）建设全国统一的许可证管理信息平台

建设全国统一的许可证信息管理平台是本次排污许可制改革的又一项重点工作，该平台既是审批系统又是数据管理和信息公开系统，排污单位在申领许可证前和在许可证执行过程中均应按要求公开排污信息，核发机关核发许可证后应进行公告，并及时公开排污许可监督检查信息。同时鼓励社会公众、新闻媒体等对排污单位的排污行为进行监督。

（10）统一排污许可证编码

建立全国统一的排污许可证编码是推动固定污染源精细化管理的重要手段，是实现固定污染源信息化管理的基础，是建立全国污染源清单的重要技术支撑。因此，在排污许可制顶层设计方案中很早就提出要实现排污许可证编码的统一。

目前环保部已经基本完成排污许可证编码规则的制定，按此规则排污许可证的编码体系由固定污染源编码、生产设施编码、污染物处理设施编码、排污口编码四大部分共同组成。

（11）环保部出台的规范

为保障排污许可制度顺利实施，规范和指导企业、地方环保部门排污许可证的申请、受理、审核、执行和监管，环境保护部正在制定排污许可相关技术规范，主要包括管理规范性文件和技术规范性文件。

① 管理规范性文件明确排污许可制配套技术体系构成、实施范围、实施计划等，解决许可证核发与监管过程中的程序性、内容性要求等，包括排污许可证管理暂行规定、排污许可管理名录等。

② 技术规范性文件主要是统一并规范排污许可证申报、核发、执行、监管过程中的技术方法，包括排污许可证申请与核发技术规范、各行业污染源源强核算技术指南、污染防治最佳可行技术指南、自行监测技术指南、环境管理台账及排污许可证执行报告技术规范、固定污染源编码和许可证编码标准、信息大数据管理平台建设数据标准等。

目前全国部分省市已经开展了排污许可证工作并建立了排污许可管理系统，但由于各地管理要求、相关制度、管理内容均有较大差异，排污许可信息系统数据无法进行有效共享和统计分析，对全国污染源管理和污染排放控制难以达到应有的效果。因此，建设全国统一的许可管理信息平台是本次排污许可制改革的一项重点工作。

2016 年 6 月环境保护部标准司发布了《关于征集 2017 年度国家环境保护标准计划项目承担单位的通知》（环办科技函〔2016〕1103 号），将《制药行业排污许可相关技术规范》列入《2017 年度国家环境保护标准计划项目指南》。经过公开征集、答辩、专家评审，最终确定由河北科技大学承担该技术规范的编制工作。根据环境保护部工作部署，本规范名称确定为《排污许可证申请与核发技术规范　制药工业——原料药制造》。

1.1 标准制订的必要性分析

1.1.1 环境形势的变化对标准提出新的要求

当前我国环境管理的核心是改善环境质量，减少污染物排放是实现环境质量改善的根本手段。固定污染源是我国污染物排放主要来源，且达标排放情况不容乐观。为切实地减少固定污染源的污染排放，国家依据《水污染防治法》、《大气污染防治法》、《环境保护法》于 2016 年 12 月发布了《控制污染物排放许可制实施方案》。《水污染防治行动计划》（简称"水十条"）规定：全面推行排污许可，依法核发排污许可证；2015 年年底前，完成国控重点污染源及排污权有偿使用和交易试点地区污染源排污许可证的核发工作，其他污染源于 2017 年年底前完成。对于固定污染源的环境管理将逐步转向综合许可、一证式管理的模式。

为持续推进简政放权、放管结合、优化服务，规范制药工业——原料药制造排污单位申领排污许可证、依证排污，指导环境保护管理部门排污许可证核发监管，急需制定制药工业——原料药制造排污许可相关规范。

实施综合许可，将一个排污单位或者排污单位的污染物排放许可在一个排污许可证集中规定，包括大气和水污染物。一方面是为了更好地减轻排污单位负担，减少行政审批数量；另一方面是避免为了单纯降低某一类污染物排放而导致污染转移。一证式管理使大气和水等要素的环境管理在一个许可证中综合体现，也包括大气和水等污染物的达标排放、总量控制等各项环境管理要求，将能够有效地促进排污单位减少污染物的排放，做到许可排放。

1.1.2 相关环保标准和环保工作的需要

排污许可制度是落实企事业单位总量控制要求的重要手段，是衔接环评制度、融合总量控制的核心，将是一个重要的有意义的工作。通过排污许可制改革，改变从上往下分解总量指标的行政区域总量控制制度，建立由下向上的企事业单位总量控制制度，将总量控制的责任回归到企事业单位，从而落实排污单位对其排放行为负责、政府对其辖区环境质量负责的法律责任。

排污许可证载明的许可排放量即为排污单位污染物排放的天花板，是排污单位污染物排放的总量指标，通过在许可证中载明，使排污单位知晓自身责任，政府明确核查重点，公众掌握监督依据。

1.2 标准的最新研究进展

为贯彻落实《控制污染物排放许可制实施方案》（国办发〔2016〕81 号），环境保护部于 2016 年 12 月发布了《排污许可证管理暂行规定》和《关于开展火电、造纸行业和京津冀试点城市高架源排污许可证管理工作的通知》，启动了火电、造纸行业排污许可证申请与核发的相关工作。

2016 年 11 月 10 日，国务院办公厅印发《控制污染物排放许可制实施方案》（国办发〔2016〕81 号），对完善控制污染物排放许可制度、实施企事业单位排污许可证管理做出总体部署和系统安排，提出排污许可制度要成为固定污染源环境管理的核心制度，以实现"一证式"管理，2017 年完成《大气污染防治行动计划》《水污染防治行动计划》重点行业及产能过剩行业企业的排污许可证核发。但制药工业排污许可证申请与核发尚无具体指导文件。

1.3 现行标准存在的问题

当前制药排污单位大气污染物排放执行《大气污染物综合排放标准》（GB 16297—1996）及《恶臭污染物排放标准》（GB 14554—93）；水污染物排放执行 2008 年颁布的制药工业废水污染物排放系列标准，如《发酵类制药工业水污染物排放标准》（GB 21903—2008）、《化学合成类制药工业水污染物排放标准》（GB 21904—2008）、《提取类制药工业水污染物排放标准》（GB 21905—2008）、《中药类制药工业水污染物排放标准》（GB 21906—2008）、《生物工程类制药工业水污染物排放标准》（GB 21907—2008）、《混装制剂类制药工业水污染物排放标准》（GB 21908—2008）等。上述标准中仅对污染物的排放限值进行了规定，未对许可量、许可事项和管理等其他方面做出规定，不能全面地遏制排污单位的污染行为。因此，迫切需要专门的行业排污许可申请和核发技术规范来对许可证的基本信息、许可事项（排污口位置、数量、排放方式、排污去向，排放污染物种类、许可排放浓度、许可排放量，重污染天气或枯水期等特殊时期许可排放浓度和许可排放量）和管理要求进行指导和规范。

2 制药工业概况

2.1 制药工业现状

中国是世界医药大国之一，是抗生素第一生产大国。制药生产排污单位遍布全国 29 个省市自治区。我国的医药制造业包括：原料药制造、化学药品制剂制造、中药饮片加工、中成药生产、兽用药品制造、生物药品制造、卫生材料及医药用品制造七个子行业及纳入行业管理的制药机械和医疗器械工业八个板块；其中兽用药品制造归属农业部门管理。

2.1.1 制药工业在国民经济中的发展趋势

"十二五"以来，制药工业规模以上排污单位主营业务收入逐年增长（见图 2-1），较"十一五"末增长了 1 倍多，2013 年迈上 2 万亿元大关，但增速逐年下降。根据统计快报，2015 年制药工业实现主营业务收入 26885.2 亿元，同比增长 9.0%，高于全国工业增速 8.2 个百分点，但较上年降低 4.0 个百分点，多年来首次低至个

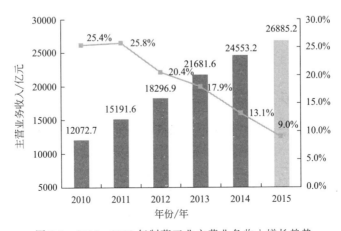

图 2-1 2010～2015 年制药工业主营业务收入增长趋势

位数增长。各子行业增速均出现下降，中成药降幅最大。

2015 年，全国规模以上制药企业 6989 家，其中化学原料药生产企业 2348 家，化学药品制剂生产企业 1096 家，中成药和中药饮片生产企业 2602 家，生物药品制造企业 943 家。主营业务收入 26885.19 亿元，同比增长 9.02%；其中化学原料药制造 4614.21 亿元，化学药物制剂制造 6816.04 亿元，中药饮片和中成药制造收入 9331.55 亿元，生物药品制造 3164.16 亿元。制药工业类别排污单位数量及营业收入比重见图 2-2。

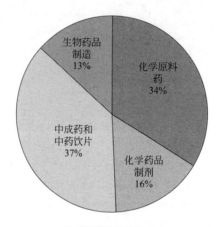

(a) 排污单位数量比重

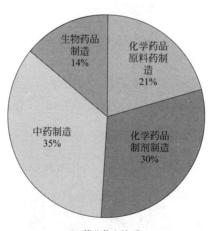

(b) 营业收入比重

图 2-2　制药工业类别排污单位数量及营业收入比重图

从排污单位数量、主营业务收入所占行业比例来看，化学药物生产的两个子行业（化学原料药、化学药品制剂）都占有较大比例。根据历年经济统计数据、环境统计年报数据和第一次全国污染源普查数据显示，医药制造业工业产值占全国工业总产值的 2%～3%，废水排放量和 COD 排放量占全国的 2%～3%。2014 年废水国家重点监控排污单位 4001 家，其中医药制造业 118 家，约占 2.9%；废气国家重点监控排污单位 3865 家，其中医药制造业 16 家，约占 0.4%。从以往污染源调查分析来看，这两个子行业的污染负荷量约占全行业的 80%（原料药制造业的污染负荷又占这两个子行业的绝大部分）。两个子行业是医药制造业环境保护治理工作的重点，重中之重是化学原料药。

2.1.2 化学原料药生产概况

根据中国化学制药工业协会《中国化学制药工业年度发展报告（2015 年）》统计，化学药物生产排污单位 2348 家，占全行业的 34%。原料药制造企业主要分布在河北、山东、江苏、浙江、安徽、辽宁等省。具体分布见图 2-3。

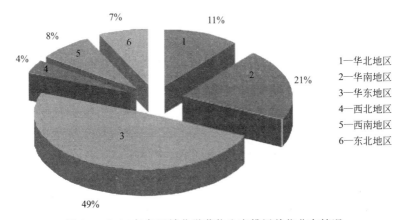

1—华北地区
2—华南地区
3—华东地区
4—西北地区
5—西南地区
6—东北地区

图 2-3 2015 年各区域化学药物生产排污单位分布情况

2015 年化学原料药生产量 1106789t。其中山东省化学原料药生产量 439982t，约占全国总产量的 37.75%；河北省生产化学原料药 333637t，约占全国产量的 30.14%。2015 年全国生产化学药物中间体 279064t（制药排污单位生产的青霉素工业盐、6-APA、7-ACA、对氨基酚等 47 类药物中间体），出口 20335t，占生产量的 7.29%。主产省原料药产量详情见图 2-4。

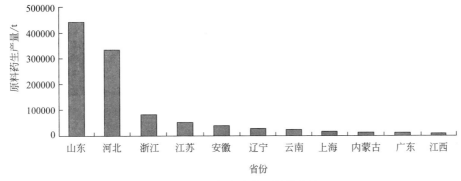

图 2-4 2015 年主产省原料药产量

化学原料药生产排污单位一般都是耗能大户和耗水大户。根据化学制药工业协会调研与其他相关资料数据分析，化学制药工业 2015 年用新水量约 5.32 亿吨，废水排放量约 4.26 亿吨。根据《化学原料药大宗产品生产状况调研报告》对 16 个大宗产品耗水数据的分析，单位产品耗水量最大的是盐酸林可霉素，吨产品耗水量 3614t。青霉素工业盐、青霉素钾（钠）、维生素 C 的单位产品耗水量亦较大。参照调研单位产品耗水量测算，产量万吨以上的产品，吨产品耗水量和年用水量如下：a. 青霉素工业盐吨产品耗用新水量 238t，年耗水量 705 万吨；b. 维生素 C 吨产品耗水量 221t，年耗用新水量约 3180 万吨；c. 阿莫西林吨产品耗用新水 44t，年耗用新水量约 89 万吨；d. 土霉素吨产品耗用新水量 938t，年耗用新水量约 1210 万吨。

2.1.3　行业主要生产工艺及产排污分析

2.1.3.1　发酵类制药

通过微生物的生命活动产生和积累特定代谢产物的现象称为发酵，采用微生物发酵方法生产药物就是发酵制药。发酵类生物制药的生产主体是微生物，主要包括细菌、放线菌和真菌三大类；产品是微生物初级代谢或次级代谢产物，主要有抗生素类、维生素类、氨基酸类、多肽和蛋白质类、核酸类、酶及辅酶类等。发酵制药的基本过程是在人工控制条件下，微生物生长繁殖，在代谢中产生特定的物质，然后再经过提取、分离、纯化等过程得到药品。发酵过程是发酵法制药的特征过程，可以分为厌氧发酵和好氧发酵，目前用于制药的绝大多数都是好氧发酵，发酵过程基本相同，但发酵罐的大小、控制条件、原材料消耗、污染物产量等因素根据品种的不同有很大差异。

发酵类制药生产工艺流程一般为种子培养、微生物发酵、发酵液预处理和固液分离、提炼纯化、精制、干燥、包装等步骤。种子培养阶段通过摇瓶种子培养、种子罐培养及发酵罐培养连续的扩增培养，获得足够量健壮均一的种子投入发酵生产。发酵液预处理的主要目的是将菌体与滤液分离开，便于后续处理，通常采用过滤法处理。提取分从滤液中提取和从菌体中提取两种不同工艺过程，产物提取的方法主要有萃取、沉淀、盐析等。产品精制纯化主要有结晶、喷雾干燥、冷冻干燥等几种方式。原材料主要是发酵需要的培养基和提取与精制过程中用到的溶剂、沉淀剂、酸、碱等，消耗的能源主要是电、蒸汽、水等。产生的废物主要有废水、废菌渣、发酵废气、含溶剂废气、溶剂废物等。

典型的发酵类制药生产工艺流程及排污节点如图 2-5 所示。图中 W 废母液 * 仅在从滤液中提取药物工艺过程中产生。

（1）水污染物产生情况

发酵类制药废水大部分属高浓度废水，酸碱度和温度变化大、碳氮比低、绝大

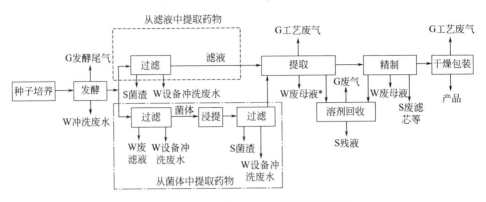

图 2-5　发酵类制药生产工艺流程及排污节点
W—废水；G—废气；S—固体废物

部分发酵类制药废水含氮量高、硫酸盐浓度高、盐度（氯离子）含量高、色度较高，有的发酵母液中还含有抗生素分子及其他特征污染物，为废水处理带来一定难度。此外，生物发酵过程需要大量冷却水和去离子水，冷却水排污和制水过程排水占总排水量的 30% 以上。发酵类制药废水主要污染物有 COD、BOD_5、SS、酸碱度（pH）、色度和氨氮等。发酵类制药废水来源及水质特点见表 2-1。

表 2-1　发酵类制药废水来源及水质特点表

废水来源	水质特点	一般水质指标/(mg/L)
主生产过程排水	包括废滤液(从菌体中提取药物)、废发酵母液(从过滤液中提取药物)、其他废母液等。废水浓度高、硫酸盐及氨氮含量高，酸碱性和温度变化大，一般含药物残留，水量相对较小	产品不同，指标差异较大，COD > 10000；BOD_5/COD 0.3~0.5；SS 1000~6000
辅助过程排水	包括工艺冷却水(如发酵罐、消毒设备冷却水等)、动力设备冷却水(如空压机冷却水、制冷剂冷却水等)、循环冷却水系统排污，水环真空设备排水，去离子水制备过程排水、蒸馏(加热)设备冷凝水等。此类废水污染物浓度低，但水量大、季节性强、企业间差异大	COD≤100
冲洗水	包括容器设备冲洗水(如发酵罐冲洗水等)、过滤设备冲洗水(如板框压滤机、转鼓过滤机等过滤设备冲洗水)、树脂柱(罐)冲洗水、地面冲洗水等。污染物浓度高、酸碱度变化大。水环真空设备排水与此类水浓度相近	COD 1000~10000
生活污水	与企业的人数、生活习惯、管理状态相关，但不是主要废水	同一般生活污水：COD≤300；BOD_5≤200；SS≤250；NH_3-N≤40

发酵类制药生产代表性药物水质概况见表 2-2。

表 2-2 发酵类抗生素、维生素及氨基酸类制药废水水质概况

药物类别		pH 值	COD /(mg/L)	BOD₅ /(mg/L)	SS /(mg/L)	硫酸盐 /(mg/L)	NH₃-N /(mg/L)
抗生素类	β-内酰胺类	3～7	15000～26000	3000～7000	1100～3400	500～1000	100～360
	氨基糖苷类	4～7	5000～13000	3000～5000	1000～4000	500～800	30～160
	大环内酯类	3～7	5000～13000	2500～5600	1000～3000	200～800	40～150
	其他类	4～9	4000～15000	1000～4000	500～3000	150～300	50～100
维生素类		3～9	1000～14000	260～3500	100～3150	100～1000	80～420
氨基酸类		5.5～7	2500～5600	1600～2900	400～2500	100～2000	120～350

（2）大气污染物产生情况

发酵类药物生产过程产生的废气主要包括发酵废气、含溶剂废气、含尘废气、酸碱废气及废水处理装置产生的恶臭气体。发酵废气气量大，一般每个 300m³ 发酵罐的排气量在 3000～5000m³/h 之间，通常每个企业的发酵罐数量在 10 个以上，发酵废气主要成分为空气和二氧化碳，同时含有少量培养基物质以及发酵后期细菌开始产生抗生素时菌丝的气味，如直接排放则对厂区周边大气环境质量影响较大。有机废气主要产生于发酵、分离、提取等生产工序。废水处理装置产生恶臭气体。

2.1.3.2 化学合成类制药

通过化学反应生产药品的过程称作合成制药，分为全合成和半合成两种。全合成制药指由简单的化工原料经过一系列的化学合成和物理处理过程制取药品，如传统的扑热息痛、磺胺类药物。全化学合成药物种类繁多，许多生物合成药物和生物提取药物也逐渐转向化学合成路线，如氯霉素、紫杉醇等。半合成药物是由已知的具有一定基本结构的天然产物经过化学结构改造和物理处理过程制得，如阿莫西林、头孢、阿奇霉素、环丙沙星等。

生产过程主要以化学原料为起始反应物，要经过一次或多次的反应、提取、分离、结晶等过程才能得到最终产品。合成制药的特征生成过程是各类化学反应过程，提取、分离过程与发酵制药的过程类似。化学反应有简单的单分子反应、双分子反应，也有复杂的可逆反应、平行反应等。

生产工艺主要包括反应和药品纯化两个阶段。其中反应阶段包括合成、药物结构改造、脱保护基等过程。具体的化学反应类型包括酰化反应、裂解反应、硝基化反应、缩合反应和取代反应等。化学合成类制药的纯化过程包括分离、提取、精制和成型等。分离主要包括沉降、离心、过滤和膜分离技术；提取主要包括沉淀、吸附、萃取、超滤技术；精制包括离子交换、结晶、色谱分离和膜分离等技术；产品定型步骤主要包括浓缩、干燥、无菌过滤和成型等技术。化学合成类制药生产工艺流程及排污节点见图 2-6。

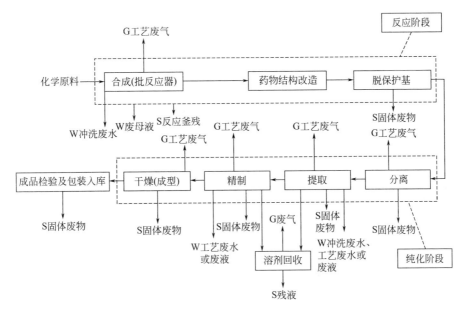

图 2-6　化学合成类制药生产工艺流程及排污节点
W—废水；G—废气；S—固体废物

（1）水污染物产生情况

化学合成类制药废水大部分为高浓度有机废水，含盐量高，pH 值变化大，部分原料或产物具有生物毒性或难被生物降解，如酚类、苯胺类、苯系物、卤代烃、重金属等。水污染物包括常规污染物和特征污染物，即 TOC、COD、BOD_5、SS、pH 值、氨氮、总氮、总磷、色度、急性毒性、挥发酚、硫化物、硝基苯类、苯胺类、二氯甲烷、总锌、总铜、总氰化物和总汞、总镉、烷基汞、六价铬、总砷、总铅、总镍等污染物。

化学合成类制药废水来源及水质特点见表 2-3。

表 2-3　化学合成类制药废水来源及水质特点表

废水来源	水质特点	一般水质指标/(mg/L)
母液类	包括各种结晶母液、转相母液、吸附残液等，污染物浓度高，含盐量高，废水中残余的反应物、生成物等浓度高，有一定生物毒性、难降解	COD 一般在数万，最高可达几十万；BOD_5/COD 一般在 0.3 以下；含盐量一般在数千以上，最高可达数万，乃至几十万
冲洗废水	包括过滤机械、反应容器、催化剂载体、树脂、吸附剂等设备及材料的洗涤水。其污染物浓度高、酸碱性变化大	COD 4000～10000 BOD_5 1000～3000
辅助过程排水	包括循环冷却水系统排污，水环真空设备排水、去离子水制备过程排水、蒸馏(加热)设备冷凝水等	COD≤100
生活污水	与企业的人数、生活习惯、管理状态相关，但不是主要废水	同一般生活污水；COD≤300；BOD_5≤200；SS≤250；NH_3-N≤40

（2）大气污染物产生情况

化学合成类制药企业主要废气污染源包括 4 个部分：蒸馏、蒸发浓缩工段产生的有机不凝气，合成反应、分离提取过程产生的有机溶剂废气；使用盐酸、氨水调节 pH 值产生的酸碱废气；粉碎、干燥排放的粉尘；废水处理设施产生的恶臭气体。排放的大气污染物主要有氯化氢、溶剂（丁酯、丁醇、二氯甲烷、异丙醇、丙酮、乙腈、乙醇等）、粉尘、NH_3 等。

2.1.3.3 提取类制药

利用动植物作为原料提取药物是传统制药途径之一，随着分离技术发展，提取类药物品种不断增加。

① 植物原料主要是种子、果实和叶片，提取的药物主要是糖类、蛋白酶、植物碱，如相思豆蛋白、菠萝蛋白酶、木瓜蛋白酶、苦瓜胰岛素、前列腺素 E、人参多糖、刺五加多糖、天麻多糖、茶叶多糖等。

② 动物原料有动物脏器、腺体，如脑、心、肺、脾、胃肠及黏膜、胰、血液、胆汁、眼球、胸腺、胎盘、角、骨等；小动物及其分泌物，如蜂王浆、蜂毒、蛇毒、蟹毒、蚕茧等；还一些动物原料来自海洋，如海藻、珊瑚、海葵、虾蟹壳、海参、海胆、鱼、海蛇、鲸等，提取的药物也主要是蛋白、多肽、有机酸、酶、多糖、抗菌素、激素、维生素等。

溶剂提取是从动植物组织或器官提取天然有效成分的常用方法，常用的溶剂有水、稀盐水、稀酸溶液、稀碱溶液、乙醇、丙酮、丁醇、三氯甲烷、乙醚、石油醚等。提取过程是提取类制药的特征过程，即溶剂与原料充分接触，有效成分从原料转移到溶剂的过程，为了转移得充分、迅速，有时需要对原料进行预处理，如粉碎、磨粉、脱脂、去皮等，提取液需要进一步除杂、转相、结晶、分离、干燥得到产品。

在工艺流程中，提取过程要经过多次成分转移、分离杂质过程，多处产生废母液和废渣，使用化学溶剂还会产生溶剂废气。动植物组织和器官中有效成分含量一般不高，除了有效成分外，其他组分都以废物的形式出现，因此提取类制药的废物产生量也很大。

提取类制药工艺大体可分为原料的选择和预处理、原料的粉碎、提取、分离纯化、干燥及保存、制剂 6 个阶段。提取类制药主要生产工艺及污染物排放节点如图 2-7 所示。其中提取过程可分为酸解、碱解、酶解、盐解及有机溶剂提取等；提取过程常用的溶剂包括水、稀盐、稀碱、稀酸、有机溶剂（如乙醇、丙酮、三氯甲烷、三氯乙酸、乙酸乙酯、草酸、乙酸等）。

（1）水污染物产生情况

提取类制药废水来源于清洗废水、提取母液、精制母液、溶剂回收母液、设备冲洗水等。废水中含有有机溶剂和天然物质的残存物，属高浓度有机废水。

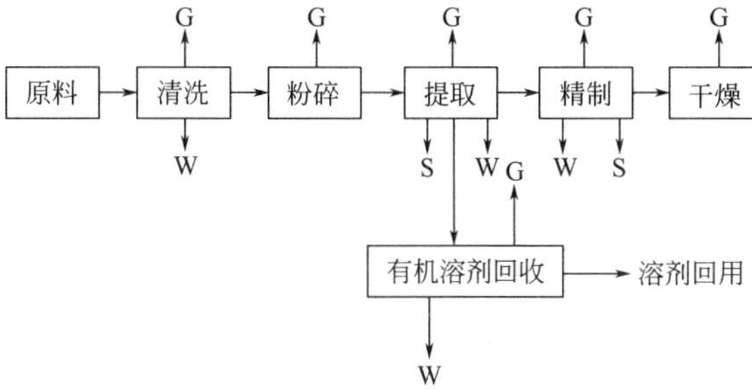

图 2-7　提取类制药主要生产工艺流程及排污节点
W—废水；G—废气；S—固体废物

（2）大气污染物产生情况

提取类制药废气排放包括：提取、干燥、有机溶剂回收产生的有机溶剂废气；粉碎、包装排放的粉尘；废水处理设施产生的恶臭气体；清洗过程中产物的大气污染物因提取对象不同有所差异，对植物提取主要污染物是粉尘排放，对动物提取主要污染物是恶臭气体。在酸解、碱解、等电点沉淀、pH 调节等过程中还会涉及酸碱废气的挥发。

2.2　原料药制造排污许可实施特点

原料药制造的主要特点是产品种类繁多、使用的原辅材料种类繁多、产生的污染物种类繁多、生产工艺复杂、治理工艺与排放方式多样化。因此，原料药制造排污许可申请与核发技术规范的技术特点突出、排污许可的各种污染物控制难点突出。

2.2.1　产品种类多

全球常用的化学药物约为 1850 种，其中 523 种是天然或半合成药物，另外的 1327 种是全合成药物。目前，中国化学制药排污单位生产的化学原料药可达 1783 个品种，是世界主要生产国之一。

按照中国化学制药工业协会信息部及国家统计局的统计分类，中国的化学原料药有抗感染类、解热镇痛药、维生素类药物、抗寄生虫病药、计划生育及激素类药、抗肿瘤药、心血管系统用药、呼吸系统用药、中枢神经系统用药、消化系统药、泌尿系统用药、血液系统用药、调节水、电解质及酸碱平衡药、麻醉用药、抗组织胺类药及解毒药、生化药、消毒防腐用药、五官科用药、皮肤科用药、诊断用药、滋补营养药、放射性同位素、制剂用辅料及附加剂、其他化学药品原料药共 24 大类 108 小类。化学药品原料药的产品还包括化学药物中间体的各类产品，种类繁多。

按照制药行业统计分类包括抗感染类药物、解热镇痛类药物、维生素类、计划生育及激素类药物、抗肿瘤类药物、心血管类药物、中枢神经系统药物、消化系统药物、中间体、酶及其他等门类。

2.2.2 原辅料中有机溶剂类别多、用量大

原料药制造常见的原辅料种类（除有机溶剂）包括增溶剂、无机化学品、助剂、乳化剂、吸收剂、稀释剂、螯合剂、酶、催化剂、pH调节剂、天然物质等，如苯乙酸、苯乙酸钾、氨基噻唑乙酸、环戊烯吡啶、液氯、戊二酸、乙二胺四乙酸（EDTA）、无菌精氨酸、特戊酰氯、甲硫醇茴香醇、硅胺、硫酸铵、玉米浆、玉米油、液碱、盐酸、硫酸、氨水、液糖、黄豆饼、7-苯乙酰氨基-3-氯甲基-4-头孢烷酸对甲氧基苄酯（GCLE）、6-氨基青霉烷酸（6-APA）、对羟苯甘氨酸甲酯、碳酸钾、四甲基胍、苯苷邓盐、双氧水、溴化氢、尿素、活性炭、青霉素酰化酶、三氯化铝、钯碳、水等。

原料药制造常见的有机溶剂有乙酸乙酯、乙酸丁酯、三乙胺、草酸、苯酚、二氯甲烷、甲苯、甲醇、乙醇、丁醇、丙酮、异丙醇、吡啶、富马酸二甲酯（DMF）等。

2.2.3 生产工艺复杂

按原料药制造生产工艺可分为发酵类、提取类、化学合成类。

中国的制药排污单位没有严格的生产分工，很多排污单位既生产化学原料药（包括化学药物中间体），也生产药物制剂；有的排污单位还生产兽用药物。不同制药产品采用不同技术工艺，其工艺和步骤也各不相同，有的产品几个工艺步骤即可完成，有的需要经十几步甚至几十步的加工程序才能完成。即使是同一产品，不同排污单位的生产工艺、原辅料、菌种亦不尽相同。工艺路线长、反应步骤多是化学原料药生产的一大特点。生产流程主要包括配料、发酵、酶促反应、化学反应、分离、提取、精制、干燥、成品、溶剂回收等。

配套的公用单元主要工艺包括罐区、输送系统、纯水制备系统、循环水冷却系统、供热系统、空压系统、供冷系统、废水处理系统、废气处理系统、固废处理处置系统、事故应急系统等。

2.2.4 污染物成分复杂、排放量大

原料药制造投入的原辅料的种类数量多，其中一些属于危险化学品，投入的物料产成品转化率低，具有污染物种类多、生物毒性大的特点。排放的主要污染物有气态污染物（如挥发性有机物、苯、甲苯、二甲苯、酚类、甲醛、乙醛、丙烯醛、甲醇、苯胺类、氯苯类、硝基苯类、氯乙烯、SO_2、NO_x、HCl、H_2S、NH_3）、

颗粒物、废水污染物（如氨氮、挥发酚、硝基苯类、总汞、总镉、$HgCl_2$ 毒性当量、总氰化物、苯胺类、烷基汞、总砷等）和固体废物（如菌渣、污泥、釜残等）。原料药制造由于产成品转化率低，造成了污染物排放量大，2015 年化学制药工业废水排放量约 4.26 亿吨。

2.2.5 治理技术种类多

2.2.5.1 制药废水

制药废水治理依据废水来源和用途分为主生产过程排水（提取废水、发酵废水、合成废水、设备冲洗水及其他）、辅助过程排水（循环冷却水排水、中水回用系统排水、水环真空泵排水、制水排水、蒸馏设备冷凝水、废气处理设施废水等）、生活污水、初期雨水等。综合废水处理系统常用的处理技术大多为物化-生物法联用工艺。

（1）物化处理

物化处理主要作为生物处理工序的预处理或后处理工序。目前国内主要的物化处理技术包括混凝沉淀/气浮法处理技术、电解法处理技术、微电解（Fe-C）法处理技术、Fenton 试剂氧化法处理技术、臭氧氧化法处理技术、吸附过滤法处理技术、蒸氨法处理技术、吹脱法处理技术、汽提法处理技术、多效蒸发处理技术、刮板薄膜蒸发处理技术等。

（2）生物处理

厌氧生物处理技术主要包括升流式厌氧污泥床（UASB）处理技术、厌氧颗粒污泥膨胀床（EGSB）处理技术、厌氧流化床（AFB）处理技术、复合式厌氧污泥床（UBF）处理技术、厌氧内循环反应器（IC）处理技术、折流板反应器（ABR）处理技术、水解酸化处理技术、两相厌氧反应器处理技术等。好氧生物处理技术主要包括传统活性污泥法处理技术、接触氧化法处理技术、吸附再生法（AB 法）处理技术、曝气生物滤池（BAF）处理技术、间歇曝气活性污泥法（SBR）及其改进工艺（CASS、ICEAS、UNITANK、CAST 等）处理技术、膜生物反应器（MBR）处理技术、氧化沟法处理技术、生物流化床法处理技术等。

2.2.5.2 制药废气

制药废气涉及发酵废气、工艺有机废气、废水处理站废气、危险废物焚烧炉烟气、锅炉烟气、罐区废气、工艺含尘废气、工艺酸碱废气、危废暂存废气等。

（1）焚烧炉烟气、锅炉烟气治理技术

该技术主要包括：除尘（静电除尘、袋式除尘、电袋复合除尘及其他）；脱硫（石灰石/石灰-石膏湿法、双碱法、氨法、氧化镁法及其他）；脱硝〔低氮燃烧、选择性非催化还原（SNCR）、选择性催化还原（SCR）及其他〕；协同处置（活性炭/

焦吸附、炉内添加卤化物、烟道喷入活性炭/焦、急冷及其他）等。

（2）工艺有机废气处理技术

制药排污单位的有机废气主要来自于合成、提取和精制等生产工序的反应、萃取分离、溶剂蒸馏回收、干燥、真空以及输送、存储等过程。有机废气常见的处理工艺有两类：一类是破坏性方法，如燃烧法（直接燃烧、催化燃烧、热力燃烧）、微波催化氧化、生物净化等，主要用于处理无回收价值或有一定毒性的气体；另一类是非破坏性的，即吸收法、吸附法、冷凝法。新发展的有机废气处理技术包括脉冲电晕法、臭氧分解法、等离子体分解法等。

（3）工艺酸碱废气处理技术

在制药生产过程中，调节 pH 值和其他使用盐酸、氨水的工序，会有氯化氢和氨的部分挥发，产生酸碱废气。目前国内主要的酸碱废气处理技术包括酸碱吸收法、降膜法、吸附法等。

（4）工艺含尘废气处理技术

制药排污单位的含尘废气主要产生于干燥、压片、填充等生产工序，常用治理技术包括高效过滤器、旋风式除尘技术、袋式除尘技术、水膜除尘技术等。

（5）发酵废气处理技术

发酵制药过程中会产生发酵废气，主要含 CO_2、水蒸气和部分发酵代谢产物。目前，国内排污单位针对发酵废气的处理方法不多，尾气一般直接排空，污染防控方式比较粗放。有些排污单位采用 NaClO 和水喷淋两级吸收法，取得了一定的治理效果。

（6）废水处理站恶臭气体和危废暂存废气处理技术

制药排污单位恶臭气体主要产生于生产环节和污水处理系统，产生的恶臭气体以硫化氢、甲硫醇和氨等为主要成分。常用的恶臭气体处理技术包括燃烧法、吸收法、吸附法、生物法和多个技术联合工艺。

（7）沼气净化技术

废水的厌氧处理会产生大量沼气。沼气中含有 H_2S，含量最高可达 4％左右，如果直接用作燃料，会对环境造成污染，且将对输气管道、储气柜和用气设备造成严重腐蚀，因此沼气在储存和利用之前必须经过脱硫处理。沼气脱硫后可综合利用于沼气锅炉供热或沼气发电。目前沼气净化技术主要有湿法生物脱硫技术和化学脱硫技术以及干法脱硫技术。

国内外相关标准规范情况

3.1 制药工业废水排放标准情况

3.1.1 国外制药工业废水排放标准情况

美国 EPA 根据制药工业的产品类型和生产工艺将制药排污单位分为发酵产品类（A 类）、提取产品类（B 类）、化学合成类（C 类）、混装制剂类（D 类）、研究类（E 类）五大类。EPA 针对不同制药工艺类型的水污染物调查统计显示，发酵和化学合成工艺的废水污染物较多，污染程度占比大，且具有类似性，执行同一排放标准；提取和混装制剂污染相对较轻，执行另一类排放标准。同时说明当制药排污单位包含多种生产工艺时，只要有发酵或化学合成工艺，则必须执行发酵和化学合成对应的排放标准。1976 年，EPA 首次发布了制药工业基于 BPT（最佳可行控制技术）的暂行规定，规定了 pH 值、TSS、BOD_5 和 COD 四项指标。1982 年发布了标准修订稿，增加了基于 BCT（最佳常规污染物控制技术）、BAT（最佳可行技术）的标准、NSPS（新源排放标准）、PSES（现有源预处理标准）和 PSNS（新源预处理标准），除上述 4 项指标外，增加了总氰化物指标。1983 年，再次发布修订稿，提出了对有毒挥发性有机物（TVOCs）的排水限值指南的讨论。1985 年发布了有关 TVOCs 的实施通知。1986 年、1995 年分别发布了标准修订稿，主要修订内容是对标准值进行调整。1998 年 9 月发布了美国制药工业点源污染物排放标准。

在常规污染物方面，美国制药标准控制指标包括 pH 值、TSS、BOD_5、COD、NH_3；中国在此基础上增加了动植物油、粪大肠杆菌数、色度（稀释倍数）、总有机碳、总氮和总磷，包含的指标更全面。一方面对于特征污染物，美国制药标准侧重总氰化物和有机污染物，其选取的有机污染物类别与中国有很大的不同，且指标数量多于中国；另一方面，中国除规定总氰化物和有机有毒污染物指标外，还增加了重金属类的控制，并提出急性毒性当量（$HgCl_2$ 毒性当量）

指标。在污染物指标限值方面，美国标准包含日最大浓度和月平均浓度，而中国标准只规定出最大污染排放值，以日均值计；整体而言，中国的指标排放限值比美国标准更为严格。

3.1.2　我国制药工业废水排放标准情况

长期以来，制药工业废水排放执行《污水综合排放标准》的有关规定。2002年，中国环保局发布医药原料药生产废水生化需氧量 BOD_5 的排放标准参照味精、酒精行业的排放标准值执行，并针对 1998 年 1 月 1 日起建设的单位，在《污水综合排放标准》中规定了部分医药原料药的最高允许排水量，重点对抗生素废水量进行限制，除医药原料药有 COD、BOD_5、氨氮规定的标准值外，其他医药子行业均按其他排污单位执行。

化学原料药制造业主要涉及《发酵类制药工业水污染物排放标准》（GB 21903—2008）、《化学合成类制药工业水污染物排放标准》（GB 21904—2008）、《提取类制药工业水污染物排放标准》（GB 21905—2008）三个废水排放标准。标准在污染控制指标方面，可分为常规污染物和特征污染物（见表 3-1～表 3-5），其中化学合成类包含 25 项，其重金属指标和有毒有机物指标多于其他子行业；发酵类 12 项，提取类 10 项。在污染物排放限值方面，各子行业的常规污染物限值稍有差别。

表 3-1　化学合成类制药工业水污染物排放标准（GB 21904—2008）**控制污染因子**

序号	污染物项目	污染物排放监控位置
1	pH 值	
2	色度(稀释倍数)	
3	悬浮物	
4	五日生化需氧量(BOD_5)	
5	化学需氧量(COD_{Cr})	
6	氨氮(以 N 计)	
7	总氮	
8	总磷	排污单位废水总排放口
9	总有机碳	
10	急性毒性($HgCl_2$ 毒性当量)	
11	总铜	
12	总锌	
13	总氰化物	
14	挥发酚	
15	硫化物	
16	硝基苯类	

序号	污染物项目	污染物排放监控位置
17	苯胺类	排污单位废水总排放口
18	二氯甲烷	
19	总汞	车间或生产设施废水排放口
20	烷基汞	
21	总镉	
22	六价铬	
23	总砷	
24	总铅	
25	总镍	

表 3-2　化学合成类制药工业单位产品基准排水量　　单位：m³/t

序号	药物种类	代表性药物	单位产品基准排水量
1	神经系统类	安乃近	88
		阿司匹林	30
		咖啡因	248
		布洛芬	120
2	抗微生物感染类	氯霉素	1000
		磺胺嘧啶	280
		呋喃唑酮	2400
		阿莫西林	240
		头孢拉定	1200
3	呼吸系统类	愈创木酚甘油醚	45
4	心血管系统类	辛伐他汀	240
5	激素及影响内分泌类	氢化可的松	4500
6	维生素类	维生素 E	45
		维生素 B_1	3400
7	氨基酸类	甘氨酸	401
8	其他类	盐酸赛庚啶	1894

注：排水量计量位置与污染物排放监控位置相同。

表 3-3　发酵类制药工业水污染物排放标准（GB 21903—2008）控制污染因子

序号	污染物项目	污染物排放监控位置
1	pH 值	排污单位废水总排放口

序号	污染物项目	污染物排放监控位置
2	色度(稀释倍数)	
3	悬浮物	
4	五日生化需氧量(BOD$_5$)	
5	化学需氧量(COD$_{Cr}$)	
6	氨氮	排污单位废水总排放口
7	总氮	
8	总磷	
9	总有机碳	
10	急性毒性(HgCl$_2$ 毒性当量)	
11	总锌	
12	总氰化物	

表 3-4　发酵类制药排污单位单位产品基准排水量　　　单位：m^3/t

序号	药物种类		代表性药物	单位产品基准排水量
1	抗生素	β-内酰胺类	青霉素	1000
			头孢菌素	1900
			其他	1200
		四环类	土霉素	750
			四环素	750
			去甲基金霉素	1200
			金霉素	500
			其他	500
		氨基糖苷类	链霉素、双氢链霉素	1450
			庆大霉素	6500
			大观霉素	1500
			其他	3000
		大环内酯类	红霉素	850
			麦白霉素	750
			其他	850
		多肽类	卷曲霉素	6500
			去甲万古霉素	5000
			其他	5000
		其他类	洁霉素、阿霉素、利福霉素等	6000

续表

序号	药物种类	代表性药物	单位产品基准排水量
2	维生素	维生素 C	300
		维生素 B$_{12}$	115000
		其他	30000
3	氨基酸	谷氨酸	80
		赖氨酸	50
		其他	200
4	其他		1500

注：排水量计量位置与污染物排放监控位置相同。

表 3-5　提取类制药工业水污染物排放标准（GB 21905—2008）
控制污染因子及单位产品基准排水量

序号	污染物项目	污染物排放监控位置
1	pH 值	
2	色度(稀释倍数)	
3	悬浮物	
4	五日生化需氧量(BOD$_5$)	
5	化学需氧量(COD$_{Cr}$)	
6	动植物油	排污单位废水总排放口
7	氨氮	
8	总氮	
9	总磷	
10	总有机碳	
11	急性毒性(HgCl$_2$ 毒性当量)	
单位产品基准排水量/(m^3/t)	500	排水量计量位置与污染物排放监控位置一致

3.2　制药工业废气排放标准情况

3.2.1　国外制药工业废气排放标准情况

美国大气污染物排放标准将常规污染物与有害大气污染物分开进行控制。在排放标准中又根据排放源类型的不同，分工艺排气、设备泄漏、储罐、装载设施、废水挥发五类源，分别规定了排放限值、工艺设备和运行维护要求（见表 3-6）。

表 3-6　五类排放源 VOCs 排放控制要求

排放源类型	VOCs 排放控制要求
工艺排气	(1)针对有组织的工艺排气,在 NSPS 标准中,通常控制 TOC 综合性指标,一般要求 TOC 削减率不低于 98%; (2)在 NESHAP 标准中,控制的是总有机 HAPs(约 131 种)指标,要求削减 98%以上
设备泄漏	USEPA 对此实施了"泄漏检修及维修计划",即"定期检测、及时维修"
储罐	USEPA 要求 VOCs 储罐采用压力罐、浮顶罐、固顶罐或其他等效措施
装载设施	装载过程中排放的 VOCs 蒸气可以经蒸汽收集系统收集,并输送到污染控制设备处理或回流至蒸汽平衡系统
废水挥发	USEPA 建议的最佳控制技术有:①浮动顶盖;②液面 10cm 处挥发性有机物(以 C 计)<161mg/m³;③密闭式固定覆罩及气体回收系统,其回收及破坏总效率需达 95%以上

欧盟的环境标准是以指令形式发布的。欧盟发布的有关 VOCs 排放的指令有欧盟综合污染预防与控制(IPPC)指令,关于特定大气有害物质最高排放量的指令(2001/81/EC),有机溶剂使用指令(1999/13/EC)等。

3.2.2　我国制药工业废气排放标准情况

(1)国家标准

我国 2017 年 4 月、5 月发布了《挥发性有机物无组织排放控制标准》(征求意见稿)、《制药行业大气污染物排放标准》(征求意见稿),尚未出台制药工业大气污染物排放标准正式标准,《制药行业大气污染物排放标准》(征求意见稿)中对有组织排放的发酵废气、污水处理站废气、工艺废气、燃烧废气等给出的污染物控制指标包括颗粒物、二氧化硫、氮氧化物、VOCs(NMOC、TOC)、臭气浓度、二噁英类、特征污染物等,其中二噁英类为利用锅炉或焚烧炉燃烧处理废气时的控制指标。特征污染物包括:致癌物质,如三氯乙烯、苯、甲醛;毒性物质,如光气、氰化氢、丙烯醛、硫酸二甲酯、氯气;光化学毒性物质,如甲苯、二甲苯、二甲基亚砜、四氢呋喃;其他特征污染物,如氨、氯化氢、甲醇、二氯甲烷。企业厂界控制的污染因子为苯、甲醛、三氯乙烯、硫酸二甲酯、二氯甲烷、NMOC、臭气浓度;企业厂区内控制的污染因子为 NMOC。

目前制药工业大气污染物监管现依照《大气污染物综合排放标准》(GB 16297—1996)、《恶臭污染物排放标准》(GB 14554)规定的相关污染物执行。

本标准实施管理许可的依据为 GB 14554、GB 16297,结合制药行业特征,对利用锅炉或焚烧炉燃烧处理废气时的控制指标,参照《制药行业大气污染物排放标准》(征求意见稿)增加了二噁英类监测指标。

1)工艺有机废气　对列入《大气污染物综合排放标准》(GB 16297—1996)和《恶臭污染物排放标准》(GB 14554)中的污染因子实施许可管理,规定其许可排放浓度限值,污染因子包括苯、甲苯、二甲苯、酚类、甲醛、乙醛、丙烯醛、甲醇、苯胺类、氯苯类、硝基苯类、氯乙烯、氯化氢、氨、硫化氢等。

2）锅炉废气　对于京津冀及周边地区"1＋2"城市（北京市、保定市、廊坊市）制药排污单位的锅炉，将列入《火电厂大气污染物排放标准》（GB 13223—2011）和《锅炉大气污染物排放标准》（GB 13271—2014）中的所有污染因子实施许可管理，规定其许可排放浓度限值和排放量，污染因子包括烟尘、二氧化硫、氮氧化物、汞及其化合物、二噁英（利用锅炉或焚烧炉燃烧处理废气时的控制指标）。

3）焚烧炉废气　对列入《危险废物焚烧污染控制标准》（GB 18484）中的污染因子实施许可管理，规定其许可排放浓度限值，污染因子包括二氧化硫、氯化氢、氟化氢、氮氧化物、一氧化碳、汞、镉、镍、铅及其化合物、二噁英（利用锅炉或焚烧炉燃烧处理废气时的控制指标）等。

（2）地方标准

1）地方行业标准　上海市针对生物制药制订了《生物制药工业污染物排放标准》（DB 31/373—2010），见表3-7；浙江省针对制药排污单位制订了《化学合成类制药工业大气污染物排放标准》（DB 33/2015—2016），见表3-8；《生物制药工业污染物排放标准》（DB 33/923—2014），见表3-9；河北省针对青霉素制药类企业制订了《青霉素类制药挥发性有机物和恶臭特征污染物排放标准》（DB 13/2208—2015），见表3-10。

表 3-7　上海市《生物制药工业污染物排放标准》（DB 31/373—2010）控制污染因子

适用范围	序号	污染物
发酵类制药排污单位或生产设施	1	颗粒物
	2	氯化氢
	3	苯
	4	甲苯
	5	二甲苯
	6	氯苯类
	7	苯酚
	8	甲醇
	9	甲醛
	10	非甲烷总烃
提取类制药排污单位或生产设施	1	颗粒物
	2	氯化氢
	3	甲苯
	4	二甲苯
	5	甲醇
	6	甲醛
	7	非甲烷总烃

续表

适用范围	序号	污染物
生物工程类制药排污单位或生产设施	1	颗粒物
	2	氯化氢
	3	苯酚
	4	甲醇
	5	甲醛
	6	非甲烷总烃
制剂类制药排污单位或生产设施	1	颗粒物
	2	氯化氢
	3	甲醇
	4	甲醛
	5	非甲烷总烃
生物医药研发机构	1	颗粒物
	2	氯化氢
	3	苯
	4	甲苯
	5	二甲苯
	6	氯苯类
	7	苯酚
	8	甲醇
	9	甲醛
	10	非甲烷总烃

表 3-8　浙江省《化学合成类制药工业大气污染物排放标准》（DB 33/2015—2016）控制污染因子

序号	污染物项目	使用条件
1	颗粒物	全部
2	氯化氢	
3	氨	
4	苯	
5	甲醛	
6	二氯甲烷	
7	三氯甲烷	
8	甲醇	

续表

序号	污染物项目		使用条件
9	乙酸乙酯		
10	丙酮		
11	乙腈		
12	苯系物		全部
13	挥发性有机化合物（VOCs）		
14	臭气浓度		
15	其他物质	A 类	
		B 类	
		C 类	
16	二噁英		废气燃烧处理

表 3-9 浙江省《生物制药工业污染物排放标准》（DB 33/923—2014）控制污染因子

序号	污染物	适用范围
1	颗粒物	
2	氯化氢	
3	甲醇	
4	甲醛	所有单位
5	非甲烷总烃	
6	臭气浓度	
7	甲苯	
8	二甲苯	发酵、提取类
9	二氯甲烷	
10	苯	
11	氯苯类	发酵类
12	酚类化合物	
13	苯酚	生物工程类

表 3-10 河北省《青霉素类制药挥发性有机物和恶臭特征污染物排放标准》

（DB 13/2208—2015）控制污染因子

序号	污染物	适用范围
1	乙酸乙酯	
2	正丁醇	
3	丙酮	青霉素类制药排污单位
4	TVOC	
5	臭气浓度	

2）地方综合标准　地方制药工业涉及 VOCs 的排放标准分别为天津市《工业企业挥发性有机物排放控制标准》（DB 12/524—2014）、河北省《工业企业挥发性有机物排放控制标准》（DB 13/2322—2016）和陕西省《挥发性有机物排放控制标准》（DB 61/T 1061—2017），见表 3-11。

表 3-11　地方综合排放标准针对制药工业的控制污染因子及浓度限值

省市	污染物	浓度限值/(μg/m³)
天津市 DB 12/524—2014	VOCs	80
河北省 DB 13/2322—2016	非甲烷总烃	60
	甲醇	20
	丙酮	60
陕西省 DB 61/T 1061—2017	非甲烷总烃	80
	甲醇	60
	丙酮	60

3.3　行业相关标准

目前，我国的原料药制造相关政策包括《制药工业污染防治技术政策》（公告 2012 年第 18 号）、《挥发性有机物（VOCs）污染防治技术政策》（公告 2013 年第 31 号）。

已发布与原料药制造有关的标准有《环境影响评价技术导则　制药建设项目》（HJ 611）和《建设项目竣工环境保护验收技术规范　制药》（HJ 792）。正在制订或征求意见的行业标准有《制药工业大气污染物排放标准》、《排污单位自行监测技术指南　发酵类制药工业》、《排污单位自行监测技术指南　化学合成类制药工业》和《排污单位自行监测技术指南　提取类制药工业》。

3.4　排污许可规范

3.4.1　国外

国外自 20 世纪 60 年代末开始实施排污许可证制度，欧美发达国家已建立起了较为完善的许可证申请及许可证要求的合规管理体系。其中美国是最早推行排污许可证制度的国家，其排污许可证涵盖的范围最为广泛、制度最为健全。美国的排污许可证制度建设始于 20 世纪 70 年代。1970 年的《清洁空气法案》（Clean Air Act，CAA）和 1972 年的《清洁水法》对大气和水的排污许可做了明确的规定，对推行污染物的削减和污染源的精细化管理提供了有效的手段，并取得了显著的效果。

3.4.1.1 美国

美国大气污染物排污许可证核发主要根据固定污染源的常规大气污染物、有害大气污染物及温室气体的年潜在排放量（即连续运行状态下的最大排放量，以一年8760h计）。其中，美国的常规大气污染物共6种，即一氧化碳、二氧化氮、颗粒物（PM_{10}和$PM_{2.5}$）、地面臭氧前体物（包括氮氧化物和挥发性有机物）、二氧化硫和铅。有害大气污染物共计187种，包括17种无机物和170种有机物。温室气体共6种，即二氧化碳、甲烷、氧化亚氮、氢氟碳化合物、全氟碳化合物和六氟化硫。根据许可性质不同，可分为酸雨许可证（也称为第四章许可证）、施工前许可证（也称为新源审核许可证，NSR）和运行许可证（也称为第五章许可证）。

（1）酸雨许可证

酸雨许可证是一种基于市场的许可证系统，通过设定排放限额，降低SO_2和NO_x排放量，针对每个电厂，酸雨许可证还有关于排放监测和其他相应的要求。这类许可证主要是针对CAA第四章中关于酸雨计划的，在此不做详细研究。

（2）新源审核许可证

新源审核许可证是该设施的所有者/经营者必须遵守的法律文件，许可证列明允许且必须满足的排放限值以及操作过程，要求新建、改建工业源使用最佳可行控制技术（BACT）。新改扩建源需要先获得NSR才能开始施工，因此也被称为施工前的许可。

1）作用　新源审核许可制度与我国建设项目环境影响评价制度类似。其有2个重要作用。

① 确保空气质量没有明显退化。在空气质量不达标区，它能够使新增排放量不会减缓空气质量改善的速度；在空气质量达标区尤其是原始地区，如国家公园等，保证新建源不造成空气质量的显著恶化。

② 确保位于新、改、扩建大型工业源周围的人群能够获得尽可能干净的空气，使工业源在控制污染的同时，实现产业升级。

2）颁发步骤　颁发许可证一般分为三个步骤。

首先，审核新源是否可以新建，通过计算新建污染源的排放是否符合要求，若排放量过高则不允许新建，若通过计算符合要求，则新源所有者要提交相关申请。

其次，审核小组对提交的申请进行审核，通过审核后起草许可证，并公示30天和召开听证会，广泛征求公众意见。

第三，在吸取公众意见的基础上颁发正式的许可证，如果公众对许可仍持有异议，可以通过法律诉讼来解决。

3）许可类型　NSR有3种许可类型，分别为用于达标区域的预防显著恶化许可证（PSD）、非达标地区主要源的 NSR 许可证、用于达标区以及非达标区前两种许可证未做要求的固定源的次要源许可证。

① 预防显著恶化许可证（PSD）。要求在达标区域，新建或改建的主要源采用最主要的现代化设备。此类许可证规定了 28 种污染源，控制国家空气质量标准中的污染物和其他污染物。此类许可证要求新改扩建的主要源：a. 采用最佳可行控制技术（BACT），如果排污单位证明采用 BACT 成本太高的话则可以降低要求；b. 实施空气质量分析，评估对空气质量的影响；c. 实施 I 级区域影响分析，评估其对国家公园和对开发区域的影响；d. 实施其他影响分析，评估其对土壤、植被的影响；e. 要求进行公众参与。

② 非达标区的 NSR 许可证。要求在达标区域新建或改建的主要源采用最主要的现代化设备。此类许可证所指的主要源是指年排放量不超过 100t 的新源，但排放限制要根据非达标区污染状况决定，如果新源对所处非达标区空气质量影响较大，则排放限制会进一步降低，最严可降至年排放量不超过 10t。其监管的污染物仅包括国家空气质量标准中要求的污染物。主要要求为：a. 采用最低可获得技术（LAER），为了保证空气质量而不考虑能源、经济、成本等因素获得排放抵消，防止新源从非达标区向达标区转移；b. 实施选址分析，新源需向环保部门证明其只可以在此选址，以防止造成更严重的污染；c. 提交新源所有者在本州其他排放源达标排放的证明；要求进行更广泛的公众参与。

要申领许可证除需要满足上述条件外，还要求以下 3 个方面的证明。a. 同一所有权关系的其他排污点必须符合 CAA 的要求。也就是说，如果一个排污单位要新增排污点，其原有的所有排污点的设置、排污等情况都不能违反空气质量法律法规的规定。由于该要求对于拥有许多分公司的集团公司过于严厉，因而在许多个案中对该项要求做了狭义的解释，仅将一个分公司或者分支机构看作一个所有权关系。b. 新设置的污染源所带来的利益应大于其环境成本。要确定是否满足该项条件，必须进行利益选择分析。c. 影响一类地区（如国家公园等）空气质量的污染源的设置必须经过联邦土地部长的审查批准。如果新设置的污染源距离一类地区 100km 范围之内，就必须取得联邦土地部长的许可，申请者必须证明新设置的污染源不会影响该地区的空气质量指标和能见度。

③ 次要源的许可。它是针对 PSD 和非达标区 NSR 没做要求的固定源的，目的是为了防止这些源的建设影响达标区的达标或是非达标区域的控制策略。监管的污染物包括国家空气质量标准中要求的污染物、温室气体和其他污染物。主要要求为：a. 新建改建的源不能违反空气质量标准的要求，不能对达标区域产生影响；b. 最低要求在清洁空气法案中列出；c. 不同的州对其有不同的要求，这个许可要求是 SIP 的一部分。

4）排放抵消　NSR 要求新建项目进行排放抵消（Offset），通过削减现有源的排放量来减少新源对空气质量造成的影响。根据污染严重程度来决定抵消比率，抵消比率最高为 1.5∶1，最低为 1∶1。抵消可以从不同的源获得，抵消权限由州政府掌握。抵消削减必须是可量化、可实施、可持久、可买卖的（QEPS），必须是实际削减量而不能预计或虚报，必须经过污染测试和环保部门的计量，必须是稳定的永久削减，必须通过合法的可实施手段获得。

　　5）运行许可证　运行许可证即通常意义上的许可证，它是针对现有源在运行过程中颁发的许可证，按每一个设施发放。对于主要工业源及某些特定的其他源，将针对其设施的所有使用要求都整合到一个许可证上。运行许可证的目的是防止违反清洁空气法案（CAA）的规定，并提高 CAA 的执行效率。它是根据法律规定具有强制执行力的文件，是当污染源开始运行后必须遵守的文件，主要监管大多数的主要污染源和某些特定的其他源。

　　运行许可证的颁发过程与 NSR 许可证类似，一般排污单位提出申请一年内可获得许可证，公众听证期一般为 60 天。运行许可证包含以下几方面：a. 排污源的所有者；b. 法律基础；c. 排放的污染物名称、数量；d. 各污染物的排放标准及限值；e. 采取的治理措施与步骤；f. 监测、运行记录保存及报告需求；g. 达标实施计划；h. 年度达标证明要求；i. 变更许可证情况及要求；j. 许可证保护，为了防止在制定许可证时由于环保部门原因造成的错误而造成诉讼；k. 有效期及更新日期，有效期一般为 5 年。

　　6）许可证的监管　在排污许可证管理方面，联邦政府保留严格的监管权，但各州在执行上也保留有一定的弹性。许可证通常会由各州按照 EPA 审定的 SIP 的相关规定依排放源申请发放。如果州在执行 CAA 方面存在失误，许可证发放权将被收归EPA。在这一前提下，州在实施方法上可以创新。许可证在整个空气污染管理体系中影响很大，它强化了排污单位在空气保护方面的责任，每年排污单位的一位高层领导必须签署守法证书（Compliance Certification），保证遵守许可证中的相关事项。

　　（3）运行许可证

　　运行许可证的监管主要包括监测（monitoring）、记录（record）和报告（report）3 个方面的内容。排污单位对监测必须作全程记录，同时还必须如实记录各种投诉，以及针对投诉所采取的措施。环保局可在合理的时间内，在没有预先通知的情况下对排污单位进行突然检查，检查内容为监测和记录的情况。排污单位必须定期向环保局报告监测记录和投诉记录，报告是公开的，公众可以从报告中了解大气污染物排放许可证制度在各个排污单位的执行情况。

3.4.1.2　其他国家或地区

　　20 世纪 70 年代，瑞典开始实行排污许可证制度。1999 年，瑞典出台《瑞典环境法典》，排污许可证制度成为了瑞典最重要的环境管理制度。

　　欧盟自 1975 年开始，致力于对欧洲各国水资源保护，并制定《欧洲水法》，在此基础上于 1996 年通过了综合污染防治（integrated pollution prevention and control，IPPC）指令。IPPC指令规定了对空气、水和土壤的污染管理中能源的使用、废物处理及事故防范等内容，并对相应的生产设备实行操作许可认证。IPPC的排污许可证制度要求欧盟各成员国基于最佳可行技术（BAT）降低污染物排放量。

欧盟工业排污总则（Directive 2010/75/EU of the European Parliament and of the Council of 24 November 2010 on industrial emissions）将制药（及中间产物）业产归类于化工产业分类下。该指导规定制药规模应大于50t/a，并且针对于已建工厂和拟建新厂提出不同排污总量标准，对于已建工厂排污总量不超过原料（溶剂）用量的15%，拟建新厂不超过原料（溶剂）用量的5%。

3.4.2 国内

（1）国家

国务院办公厅于2016年11月印发《国务院办公厅关于印发控制污染物排放许可制实施方案的通知》，要求对企事业单位发放排污许可证并依证监管实施排污许可制。为贯彻落实《控制污染物排放许可制实施方案》，环境保护部于2016年12月发布了《排污许可证管理暂行规定》和《关于开展火电、造纸行业和京津冀试点城市高架源排污许可证管理工作的通知》；2016年12月27日，《火电行业排污许可证申请与核发技术规范》和《造纸行业排污许可证申请与核发技术规范》以文件形式发布，明确火电、造纸行业排污许可证适用范围及排污单位基本情况、产排污节点对应排放口及许可排放限值、可行技术、自行监测管理要求、环境管理台账记录与执行报告编制规范、达标排放判定方法、实际排放量核算方法。2017年1月1日，全国排污许可证管理信息平台上线运行，分为申请、核发、信息公开与数据应用四个子系统，其中申请及信息公开系统网址为http：//permit.mep.gov.cn，管理与核发系统专网地址为http：//10.102.36.1/permit/login.jsp。截至2017年3月22日，全国已有2181个企业注册，229个企业完成申请前信息公开，39个企业提交申请并进入审批流程，海南、重庆、浙江嘉兴等地的15个火电企业已获得排污许可证。《排污许可证申请与核发技术规范 总则》以及钢铁、水泥等13个重点行业技术规范正在编制过程中。

（2）各省市

从20世纪80年代中期，国内一些城市环保部门借鉴国外经验开始探索排污许可证这一基本的环境管理制度。截至2013年，我国大陆31个省市自治区中已有19个省市自治区专门针对排污许可证制度陆续发布了系列文件，并持续开展（见表3-12）。

表3-12 各省市发布排污许可证相关文件一览表

地区	文件名
广东省	广东省排污许可证管理办法
	广东省排污许可证实施细则

续表

地区	文件名
山西省	山西省排放污染物许可证管理办法
	山西省主要污染物初始排污权核定办法(修订)
	关于初始排污权分配核定办法中的说明
甘肃省	甘肃省排污许可证管理办法
	甘肃省排污许可证管理办法实施细则(试行)
四川省	四川省排污许可证管理暂行办法
上海市	上海市主要污染物排放许可证管理办法
陕西省	陕西省污染物排放总量与污染物排放许可管理办法
江苏省	江苏省排放水污染物许可证管理办法
	江苏省太湖流域主要水污染物排污权有偿使用和交易试点排放指标申购核定暂行办法
	江苏省二氧化硫排污权有偿使用和交易管理办法(试行)
浙江省	浙江省排污许可证管理暂行办法
	浙江省排污许可证管理暂行办法实施细则(试行)
	浙江省主要污染物排放权指标核定和分配技术方法(试行)
	嘉兴市排污单位主要污染物排污权分配量核定办法
河南省	河南省排放污染物许可证管理暂行办法
贵州省	贵州省污染物排放申报登记及污染物排放许可证管理办法
湖北省	湖北省实施排污许可证暂行办法
内蒙古自治区	内蒙古自治区排放污染物许可证管理办法(试行)
河北省	河北省排放污染物许可证管理办法(试行)
天津市	天津市水污染物排放许可证管理办法(试行)
青海省	青海省实施排放污染物许可证管理暂行办法
新疆维吾尔自治区	自治区重点流域区域和行业实施排污许可证管理实施办法(试行)(新疆)
	新疆维吾尔自治区关于《水污染物排放许可证管理暂行办法》的实施细则
江西省	江西省水污染物排放许可证实施方案
湖南省	湖南省排污许可证管理暂行办法
	湖南省主要污染物初始排污权分配核定技术方案
重庆市	重庆市排放污染物许可证管理办法(试行)
云南省	云南省排放污染物许可证管理办法(试行)
黑龙江省	黑龙江省松花江流域及其他重点污染源临时排污许可证发放实施方案
宁夏回族自治区	宁夏回族自治区环境保护局关于开展排放污染物许可证管理工作的通知
淮河和太湖流域	淮河和太湖流域排放重点水污染物许可证管理办法(试行)

各省市（自治区）出台的排污许可证制度有以下几个特点。

① 从发放范围来看，大多数省市自治区排污许可证的发放范围为向环境排放大气污染物和水污染物的排污单位事业单位、个体工商户（以下称排污者），重庆、广东、福建、青海等省市发放范围还涉及排放固体废弃物和噪声的排污者。

② 从实施主体来看，排污许可证的实施主体为各级环境保护行政主管部门，省级环境保护行政主管部门对排污许可证工作实施统一监督、指导。市区环境保护行政主管部门每年将本行政区域上一年度排污许可证的核发和监督管理情况向本级人民政府和上一级环境保护行政主管部门报告。大多数省市自治区环保部门的国控、省控等重点源的排污许可证由省级环境保护行政主管部门直接负责核发和监管，其他排污者的由所在市区县的环境保护行政主管部门负责。

③ 从许可事项来看，排污许可证一般分为正本和副本：正本载明事项主要包括排污者的名称、地址、法定代表人，污染排放种类、浓度限值和总量限值，有效使用期限，发证机关、发证日期和证书编号等；副本除载明正本的事项外，还涉及主要生产工艺和设备、污染物处理工艺和能力、排污口及污染物排放要求、污染物排放执行标准及监测要求、年审记录、执法检查记录等事项。

④ 从许可证的种类和期限来看，许可证一般分为排污许可证和临时排污许可证两类，对试生产项目或限期治理的排污者发放临时排污许可证。一般排污许可证有效期限为 3 年或 5 年，临时排污许可证有效期限一般不超过 1 年。

⑤ 从证后监管来看，环境保护行政主管部门对排污许可证执行情况进行监督检查、记录检查结果等，大多数省市自治区对排污许可证实施年度审查。

⑥ 从执行效果来看，许可证制度提升了环保管理水平，在污染排污单位达标排放和总量控制中起到了一定的管理作用，尤其表现在重点点源污染排放管理上，同时提高了排污单位的环保守法意识，加大了排污单位环保监测能力建设。

3.5 国内外申请材料对比

3.5.1 废气

美国大气运营许可证申请材料主要包括各种申请表格和其他支持性文件。各州有所不同，以得克萨斯州为例，申请材料包括：申请材料概述、责任人保证书、企业基本信息汇总表；详细设备情况汇总表、不同设备类型的单独信息列表、全厂适用的许可要求、单个设备单元适用的许可要求、监测要求、合规实施方案和计划表申请、其他支持文件（如工厂位置图、平面布置图、生产流程图和生产工艺描述等）。

标准（HJ 858.1—2017）所规定的申请材料基本涵盖了以上内容，主要区别在于详细设备情况，仅将计算许可排放量相关的生产设施内容列为必填内容，其余详细信息以选填为主。

3.5.2 废水

美国现有源工艺污水排放信息表填报信息包括各排放口编号、位置以及各自的受纳水体名称、对每个排放口进行废水来源分析、流量分析及处理措施描述、提供工厂内的水流程图、水平衡图、生产信息、技术改进要求、取水和出水特征、不在分析内的可能排污、生物分析信息等。

新排放源的工艺污水填报信息包括：各排放口编号、位置以及各自的受纳水体名称、预计开始排放的日期、对每个排放口进行废水来源分析、流量分析及处理措施描述、提供工厂内的水流程图、水平衡图、企业设计废水的"跑、冒、滴、漏"情况，如果有基于产品产量的废水产生量估算方法，则需估算其日废水产生量。

工业活动中的雨水许可申请填报信息包括排放口编号及位置、受纳水体名称、有无收到要求改进的通知、提供排水系统图、估算每个排放口所接收的雨水来源的地表面积、简述雨水的处理、储存和处置方法、重大的泄漏或溢出事故、排放监测数据信息、生物学毒性监测数据。另外，还需要描述每个排放口雨水的用于控制污染物排放的处理措施，以减少其污染物的排放。如果没有雨水排放，也可以做出申明并详细描述雨水控制措施。

与美国相比，标准（HJ 858.1—2017）废水填报信息较为简单，缺少水平衡、企业设计废水的"跑、冒、滴、漏"情况等内容，对工业活动中的后期雨水未进行排污许可，仅开展监测。

3.5.3 纳入排污许可管理的污染物

美国纳入许可管理废气污染物包括常规污染物和有毒空气污染物。在州层面，通常还包括因当地污染现象或大气质量保护而控制的相关污染物。在大气许可证的申请中，温室气体及其他臭氧层破坏物质等都要求包含在许可证中。申请大气建设许可证的一个原则是对所有可能排放大气污染物的排放源和排放量进行估算，并做出相应的评估。综合而言，所有可能排放的污染物都需要进行管控评估。

废水污染物包括常规污染物（conventional pollutants）、有毒污染物（toxic pollutants）和非常规污染物（non-conventional pollutants）3 种。其中，常规污染物包括五日生化需氧量、总悬浮物、pH 值、粪大肠菌群、油和油脂；有毒污染物包括 126 种金属和人造有机化合物。

非常规污染物是指不属于以上两种类型的污染物质，如氨、氮、磷、化学需氧量和 WET（whole effluent toxicity）、热等。

与美国相比，标准（HJ 858.1—2017）管控污染物仅包括排放标准中管控因子，企业排放但未纳入排放标准的污染物未纳入排污许可管理。

3.5.4　许可排放限值确定

美国许可排放限值包括许可排放浓度和许可排放量。美国许可证申请需要考虑基于技术的排放标准和基于水质的排放标准，不同层面的环境保护主管部门都可以制订这样的标准机制。此外，还有行业标准、由地方环境保护局颁布的环境标准。在申请许可排放量时，要根据原辅材料用量、燃料用量、生产工艺、采用的控制技术、能够达到的控制技术水平等信息，采用合理的计算方法（包括合适的排放因子或模型软件估算）确定排放量，确保数据的科学性和准确性。

与美国相比，标准（HJ 858.1—2017）中许可排放限值同样包括许可排放限值和许可排放量。现阶段主要考虑排放浓度和总量控制要求，尚未完全与环境质量挂钩，与技术要求也存在脱节。

3.5.5　污染控制技术

美国许可证申报根据不同情况需要考虑不同的控制技术。其中，大气部分根据不同环境质量分类地区包括最佳可行控制技术（Best Available Control Technology，BACT）、最低可达排放速率（Lowest Achievable Emission Rate，LAER）以及合理可达控制技术（Reasonably Available Control Technology，RACT）。水部分，针对现有源直接排入水体的常规污染物需要采用常规污染物最佳管理实践技术（BCT）；针对现有源直接排入水体的非常规污染物和有毒有害污染物需要采用最佳经济可用技术（BAT）；针对现有源直接排入水体的所有污染物需要采用最佳可实现控制技术（BPT）；针对新增源直接排入水体的所有污染物需要采用新源排放标准（NSPS）。

与美国相比，标准（HJ 858.1—2017）给出的可行技术可作为判断企业是否具备污染治理能力的参考，可行技术体系有待进一步完善。

3.5.6　挥发性有机物管控

挥发性有机物是作为臭氧的前体物进行管理的，臭氧有相应的大气质量标准，因此挥发性有机物也作为常规污染物纳入管理，也体现在许可证管理当中。在美国，污染物排放（包括挥发性有机物）没有总量控制的要求，但是要核算企业的挥发性有机物总排放量。挥发性有机物总排放量的计算需要单独计算出各个挥发性有机物组分的排放量，然后再进行加和。从许可证管理角度，挥发性有机物作为一个整体进行管理。如果企业排放的挥发性有机物中包括了一些特殊的挥发性有机污染物，例如 HAPs 中的一种或几种，则需要对这种组分进行单独管理。

标准（HJ 858.1—2017）将有组织主要排放口挥发性有机物排放浓度和排放量作为许可内容，提出了无组织挥发性有机物的管控要求，待条件成熟时将全厂挥发性有机物排放量作为总量许可内容。

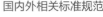

3.5.7 自行监测

美国企业需要开展自行监测。如果是法律法规要求的，企业必须开展监测。但如果是在许可证的申请过程当中，不具备条件的企业可以与环境保护主管部门进行沟通协商解决。企业必须遵守许可证的相关规定。反映在许可证中，或者必须要遵守法律要求的，只要落在纸上的就必须要做。如果没有条件实现的话，尤其在许可的过程中，这种情况必须要进行谈判。美国企业的监测数据不需要与环境保护主管部门联网。企业排污监测活动和数据收集保存均由企业负责。

与美国相比，标准（HJ 858.1—2017）在监测方面要求更为严格。

3.5.8 台账记录和执行报告

在美国，台账记录是指获得排污许可证的企业必须完整记录足以证明企业合规的信息和数据，包括监测资料、生产数据、异常工况报告、维修记录、启停和运行时间等。所有要求的记录应保存在企业现场备查，并按时更新。企业所记录保存的资料可以构建一个完整的证据链，来证明自己是否满足排污许可证对企业提出的所有要求。数据保存的期限一般为3～5年。

企业报告的类型分为合规报告、背离报告两种，企业可以自行编写，也可以委托第三方编写。这样既便于环境保护主管部门的日常管理，又满足公众的知情权与社会监督。企业若按时提交了背离报告，即主动报告与许可证要求相背离的情况以及时间、次数、原因、措施等，如果是由于工艺特点或者其他不可抗力导致的污染物异常排放等，环境保护主管部门可以根据相关规定免予处罚；但若企业不报告或虚假报告，则不能免除。

与美国相比，我国要达到如此精细化管理的水平，还需要在许可证管理实施过程中逐步积累污染源的排放、控制和相关技术的基础数据，配套改革环境保护管理的各项制度和标准，逐步完善我国制药行业的许可证管理。

制药行业排污许可技术规范主要内容

4.1 技术规范总体框架

总体框架分为以下 10 项内容。

① 适用范围。

② 规范性引用文件。

③ 术语和定义。

④ 排污单位基本情况填报要求。

⑤ 产排污节点对应排放口及许可排放限值确定方法。

⑥ 污染防治可行技术要求。

⑦ 自行监测管理要求。

⑧ 环境管理台账记录与执行报告编制要求。

⑨ 合规判定方法。

⑩ 实际排放量核算方法。

4.2 技术规范适用范围

药物种类繁多，生产过程多种多样，从其来源可以分为天然药物和人工合成药物，天然药物是把动植物或其提取物作为药物，如中药；人工合成药物是指通过化学或生物方法人工合成的药物，如抗生素等。人工合成药物的方法有化学合成法和生物合成法，生物合成法又可以分为微生物发酵法、生物工程法等。根据药物在其生产链条中的位置又分为原料药和制剂两大类。

按照制药行业统计分类，制药工业包括原料药制造、化学药品制剂制造、中药饮片加工、中成药生产、兽用药品制造、生物药品制造、卫生材料及医药用品制造

7个子行业及纳入行业管理的制药机械和医疗器械工业八个板块；其中列入《固定污染源排污许可分类管理名录（2017年版）》中的制药工业（见表4-1）包括化学药品原料药制造271、化学药品制剂制造272、中成药生产274、兽用药品制造275、生物药品制造276。卫生材料及医药用品制造277纳入《固定污染源排污许可管理名录（2017年版）》中卫生材料及医药用品制造工业。

表4-1　适用制药工业排污许可技术规范的管理名录

序号	行业类别	实施重点管理的行业	实施简化管理的行业	实施时限
36	化学药品原料药制造271	进一步加工化学药品制剂所需的原料药的生产,主要用于药物生产的医药中间体的生产	—	主要用于药物生产的医药中间体2020年,其他2017年
37	化学药品制剂制造272	化学药品制剂制造、化学药品研发外包	—	2020年
38	中成药生产274	—	有提炼工艺的中成药生产	2020年
39	兽用药品制造275	兽用药品制造、兽用药品研发外包		2020年
40	生物药品制造276	利用生物技术生产生物化学药品、基因工程药物的制造,生物药品研发外包		2020年

关于标准（HJ 858.1—2017）适用范围的几个考虑如下。

① 由于C275兽用药品制造（不含单纯药品分装、复配）与C271化学药品原料药制造在生产特征及排污特征方面类似，单纯药品分装、复配的制剂类兽药与C272化学药品制剂制造类似，因此在标准（HJ 858.1—2017）中将C275兽用药品制造（不含单纯药品分装、复配）和C275兽用药品制造（单纯药品分装、复配业）分别归于C271化学药品原料药制造和C272化学药品制剂制造中。不含单纯药品分装、复配的兽用药品制造仅适用于化学原料药的兽用药品制造。

② 由于制药工业的生产工艺极其复杂，产品多种多样，污染物的产生及排放情况较为复杂，原料药制造业是医药制造业环境保护治理工作的重中之重，标准（HJ 858.1—2017）的起草时间紧，任务重，为保证标准的专业性、普适性及可落地性，标准（HJ 858.1—2017）分阶段制订。第一阶段适用范围定为原料药制造业，为国民经济行业目录中的C271原料药制造业和C275兽用药品制造（不含单纯药品分装、复配），即化学药品制剂所需的原料药（包含医药中间体）的制造和兽用药品制造（不含单纯药品分装、复配），于2017年年底前完成，编制《排污许可证申请与核发技术规范 制药工业—原料药制造》。第二阶段适用范围定为其他制药行业，即C272化学药品制剂制造、C274中成药生产、C275兽用药品制造（单纯药品分装、复配）、C276生物药品制造及制剂类兽用药品制造业，待后续工作开展，预计2020年完成。

标准（HJ 858.1—2017）适用于指导原料药制造业排污单位填报《排污许可证申请表》及网上填报相关申请信息，同时适用于指导核发机关审核确定原料药制造业排污单位排污许可证许可要求。

标准（HJ 858.1—2017）适用于化学药品制剂所需的原料药（包含医药中间体）制造、兽用药品制造（化学原料药）排污单位排放的大气污染物和水污染物的排污许可管理。

原料药制造业排污单位中，对于执行 GB 13223 的生产设施或排放口，适用《火电行业排污许可证申请与核发技术规范》；在《排污许可证申请与核发技术规范 锅炉工业》发布前，65t/h 及以下蒸汽锅炉参照标准（HJ 858.1—2017）执行，发布后从其规定。

标准（HJ 858.1—2017）未涉及的制药工业——原料药制造业制造排污单位其他产污设施和排放口参照《排污许可证申请与核发技术规范 总则》执行。

4.3 规范性引用文件

给出了标准（HJ 858.1—2017）引用的有关文件名称及文号，凡是不注日期的引用文件其有效版本适用于标准（HJ858.1—2017）。

4.4 术语和定义

标准（HJ 858.1—2017）和编制说明中对原料药制造排污单位、挥发性有机物、许可排放限值、特殊时段 4 个术语进行了定义。

（1）原料药制造业排污单位

参考《固定污染源排污许可分类管理名录（试行）》分类，为了能全面科学许可管理，标准（HJ 858.1—2017）指制药工业化学药品制剂所需的原料药（包含医药中间体）的制造企业、兽用药品制造（化学原料药）企业，不包括在进行原料药制造的同时对其产生的废水、废气、固体废物处理处置的企业，例如我国制药集团多建有独立的"三废"处理中心，许多企业废水排至处理中心集中处理。

（2）挥发性有机物

挥发性有机物（volatile organic compounds，VOCs）是一类化合物的总称，美国联邦环保署（EPA，2000）的定义强调参加大气光化学反应，将 VOCs 定义为：挥发性有机物是除 CO、CO_2、H_2CO_3、金属碳化物、金属碳酸盐和碳酸铵外，每一种参加大气光化学反应的碳化合物。世界卫生组织（WHO，1989）则对沸点或初馏点做限定，不管其是否参加大气光化学反应，将 VOCs 的定义为：熔点低于室温、沸点在 50~260℃之间的挥发性有机物。欧盟官方将 VOCs 定义为在标准大气压（101325Pa）下沸点不超过 250℃的有机物。我国沈学优学者等对 VOCs 定义是沸点介于 50~260℃、常温 20℃下饱和蒸汽压超过 133.322Pa 的易挥发性化合物。

尽管目前世界卫生组织（WHO）、欧盟（EU）、美国环保署（US EPA）、国际标准化组织（ISO）等国际组织、机构、国家对 VOCs 的定义不完全相同，但通常情况下 VOCs 指的是在常温常压下，具有高蒸汽压、容易挥发的有机化学物质，主要包括烷烃、烯烃、芳香烃以及各种含氧烃、卤代烃、氮烃、硫烃、低沸点多环芳烃等，是空气中普遍存在且组成复杂的一类有机污染物。

《挥发性有机物无组织排放控制标准》（征求意见稿）、《制药行业大气污染物排放标准》（征求意见稿）中的挥发性有机物定义，指参与大气光化学反应的有机化合物，或者根据规定的方法测量或核算确定的有机化合物。根据行业特征和环境管理需求，可选择对主要 VOCs 物种通过定量加和的方法测量总有机化合物（以 TOC 表示），或者选用按基准物质标定，检测器对混合进样中 VOCs 综合响应的方法测量非甲烷有机化合物（以 NMOC 表示，以碳计）。

制药行业涉及的有机溶剂多，考虑制药行业的特点，标准（HJ 858.1—2017）挥发性有机物的定义与《挥发性有机物无组织排放控制标准》（征求意见稿）和《制药行业大气污染物排放标准》（征求意见稿）中的挥发性有机物定义相同。

（3）许可排放限值

许可排放限值指排污许可证中规定的允许排污单位排放污染物的最大排放浓度和排放量。许可排放浓度分为废气许可排放浓度和废水许可排放浓度。废气有组织排放口和无组织排放许可排放浓度指小时浓度（臭气浓度、二噁英除外）。废水污染因子许可排放浓度（pH 值、色度和急性毒性除外）指日均浓度。

（4）特殊时段

特殊时段指根据国家和地方限期达标规划及其他相关环境管理规定，对排污单位的污染物排放情况有特殊要求的时段，如重污染天气应对期间、错峰生产期间、重大活动期间。

（5）新增污染源和现有污染源

新增污染源和现有污染源以修订后的《环境保护法》实施时间为界，同时依据《关于开展火电、造纸行业和京津冀试点城市高架源排污许可证管理工作的通知》（环水体〔2016〕189 号）中"2015 年 1 月 1 日前建成投产的项目，要按照现有污染源管理，其余项目按照新增污染源管理"的规定，并结合《控制污染物排放许可制实施方案》（国办发〔2016〕81 号）中"在发生实际排污行为之前申领排污许可证"的要求，进行了明确的界定。新增污染源是指 2015 年 1 月 1 日（含）后投产并产生实际排污行为的污染源。现有污染源是指 2015 年 1 月 1 日前已建成投产并产生实际排污行为的污染源。

4.5 排污单位基本情况填报要求

根据《排污许可证管理暂行规定》要求，结合原料药制造业特点，标准（HJ 858.1—2017）给出原料药制造排污单位排污许可证申请表中排污单位基本信息、主要产品及产能、主要燃料和原辅材料及溶剂、产排污节点、污染物及污染治理设施等填写内容，以指导原料药制造排污单位填报排污许可证申请表。制药企业涉及产品种类多（化学原料药达 1800 多种）、生产工艺复杂、有机溶剂类别多用量大、生产设施多样化等，为提高技术规范的针对性和可操作性，并实现下拉菜单式填报，排污单位基本信息中规定以产品命名的生产线单元、公用单元作为原料药制造排污单位主要生产单元填报内容；将与生产能力、排污密切相关的生产设施作为排污单位填报内容。针对制药行业产污特点，特别将原辅材料填报内容调整为原辅料（除有机溶剂）、有机溶剂，增加了原辅材料有机溶剂使用量和纯度等内容，为物料衡算提供基础参数。编制思路为以排放口及污染因子为核心，梳理以产品命名的生产线单元、主要生产工艺、生产设施、生产设施参数、产污节点名称、污染治理设施、排放形式、排放口类型（主要排放口、一般排放口）等需排污单位填报的内容。

4.5.1 排污单位基本信息

本节内容用于指导制药工业——原料药制造排污单位填报环水体〔2016〕186 号附 2《排污许可证申请表》中表 1《废气主要产污环节及污染、治理设施名称一览表》。

原料药制造排污单位所在地是否属于重点区域，根据《重点区域大气污染防治"十二五"规划》规定填写，该规划提及京津冀地区、长江三角洲、珠江三角洲，以及辽宁中部、山东、武汉及其周边、长株潭、成渝、海峡西岸、山西中北部、陕西关中、甘宁、新疆乌鲁木齐城市群等区域为重点区域，具体省份和城市见《重点区域大气污染防治"十二五"规划》中附表。

地方政府对违规项目的认定或备案文件指按照《国务院办公厅关于加强环境监管执法的通知》（国办发〔2014〕56 号）要求，地方政府对违规项目依法处理、整顿规范，出具的符合要求的证明文件。

污染物总量控制要求包括地方政府或环保部门发文确定的总量控制指标、环评文件及其批复中确定的总量控制指标、现有排污许可证中载明的总量控制指标、通过排污权有偿使用和交易确定的总量控制指标等地方政府或环保部门与排污许可证申领单位以一定形式确认的总量控制指标。

4.5.2 主要产品及产能

4.5.2.1 主要生产单元

用于指导企业填写环水体〔2016〕186 号附 2《排污许可证申请表》中的表 2《主要产品及产能信息表》。由于原料药制造业产品种类多（1800 多种）、生产工艺差异大、涉及的生产设施及设施参数较多，在填报主要生产单元时分为以产品命名的生产线单元、公用单元。以产品命名的生产线单元，按照制药行业统计分类分为抗感染类药物、解热镇痛类药物、维生素类、计划生育及激素类药物、抗肿瘤类药物、心血管类药物、中枢神经系统药物、消化系统药物、酶及其他等，参见附录 A。填写主要生产单元名称，如青霉素 G 钾工业盐生产线、头孢拉定生产线、维生素 C 生产线、阿莫西林生产线、6-APA 生产线、7-ADCA 生产线、阿司匹林生产线、氯霉素生产线、公用单元及其他。若包括多个生产单元，应分别填写每一个单元。对于标准（HJ 858.1—2017）中未列出的主要生产单元的有关信息，排污单位可以在"其他"一栏进行备注。

4.5.2.2 主要工艺及生产设施名称

主要生产工艺根据生产线单元工艺流程的主要工序填写，包括配料、发酵、酶促反应、化学反应、分离、提取、精制、干燥、成品、溶剂回收及其他。公用单元主要工艺包括物料存储系统、输送系统、纯水制备系统、循环水冷却系统、供热系统、空压系统、供冷系统、废水处理系统、废气处理系统、固废处理处置系统、事故应急系统及其他。对于标准（HJ 858.1—2017）中未列出的有关信息，排污单位可以在"其他"一栏进行备注。

主要生产设施名称：将表征生产装置生产能力的设备、产生工艺废水的生产设备、排出工艺废气的生产设备、常压有机液体储罐、有机液体装载和分装设施等作为必填内容。例如：生产线单元的配料（配料罐）、发酵（种子罐、发酵罐、配料补加罐）、酶促合成（酶促合成罐）、反应（反应釜、缩合罐、裂解罐等）、分离（离心机、板框压滤机、转鼓微孔过滤器）、提取（酸化罐、吸附塔、液储罐、结晶罐、转化罐、滤液罐、浸提设备）、精制（结晶罐、脱色罐、带式三合一等）、干燥（干燥塔、真空泵、真空干燥器、双锥干燥器、沸腾床、带式三合一等）、成品（磨粉机、分装机、真空泵及其他）、溶剂回收（精馏塔、蒸馏釜、真空泵等）及其他。公用单元主要生产设施包括罐区（常压罐、固定顶罐、浮顶罐、锥顶罐、拱顶罐、氯气瓶、环氧乙烷瓶、中间母液槽、产品储存罐等）、装卸（槽车、鹤管等）、预处理（混合罐等）、纯水制备系统（砂滤装置、保安过滤装置、超滤装置、反渗透装置、离子交换装置等）、供热系统（锅炉等）、事故应急处理系统、废水处理系统

（调节池、水解酸化池、厌氧池、好氧池、中间池、污泥浓缩池、污泥脱水间、污泥暂存间等）、废气处理系统（吸附罐、吸附箱、吸收塔、生物滴滤塔、催化燃烧器、风机、泵等）和固废处理处置系统（危险废物暂存间、残渣暂存间、废包装储存间、危险废物焚烧炉等）等。

对于"其他设施信息"一栏，煤场需注明封闭方式；脱硫塔运行方式为串联或并联；液体储罐类型为固定罐、内浮顶罐或外浮顶罐等，有其他类型的应注明。同时给出了部分选填的内容，以便为今后开展无组织排放量和全厂 VOCs 物料衡算提供基础参数。包括：a. 无废水、废气排出的设备；b. 生产装置中的泵、压缩机；c. 生产装置中的回流罐、缓冲罐、分液罐和只用于生产装置启停的设备；d. 操作压力大于常压的有机液体储罐；e. 用于工艺参数测量和产品质量检测的设备；f. 生产单元中含有挥发性有机物流经的设备与管线组件数量。

4.5.2.3　生产设施编号

排污单位需填报内部生产设施编号，编号必须唯一。若无内部生产设施编号，则根据《固定污染源（水、大气）编码规则（试行）》（环水体〔2016〕189 号附件 4）进行编号并填报。

4.5.2.4　生产能力及计量单位

生产能力及计量单位为必填项。生产能力为主要产品设计生产能力，并注明计量单位。设计生产能力与经过环境影响评价批复的产能不相符的应说明原因。

4.5.2.5　设计年生产时间

填写设计年生产小时数。

4.5.3　主要原辅料和燃料

指导原料药制造排污单位填写《排污许可证申请表》（环水体〔2016〕186 号附 2）中的表 3《主要原辅材料及燃料信息表》。

基于原料药制造所用有机溶剂多、VOCs 污染物排放量大，特别突出了原辅料中的有机溶剂填报内容，按照主要原辅料（除有机溶剂）、有机溶剂及燃料填写。

主要原辅料（除有机溶剂）应填报原辅料种类、年最大使用量、计量单位、纯度、有毒有害成分占比及其他信息；原辅料中有机溶剂纯度为必填项，必须填报溶剂名称、年最大使用量、计量单位、纯度及其他信息。

原料和辅料中铅、镉、砷、镍、汞、铬等有毒有害含量为必填项，必须填写原辅料中有毒有害成分及占比。

硫元素占比与燃料有关，燃料中的硫元素占比为必填项，也必须填写占比。

4.5.4 产污节点、污染物及污染治理设施

指导原料药制造业排污单位填写《排污许可证申请表》中（环水体〔2016〕186号附2）的表4《废气产排污环节、污染物及污染治理设施信息表》和表5《废水类别、污染物及污染治理设施信息表》。

产污节点：原料药制造业的废气产污节点主要在发酵、干燥、溶剂回收、反应、分离、提取、精制、危险废物焚烧、锅炉、成品、物料储存设施、配料、污水处理等过程，同时也涉及生产过程产生的废水、排入厂区污水处理场的生活污水和初期雨水。标准（HJ 858.1—2017）对产污节点按照废气和废水并结合生产单元分类。

4.5.4.1 废气

本节内容用于指导原料药制造排污单位填报《排污许可证申请表》中表4。

（1）废气产污环节名称

废气产污环节名称以废气产生的设备（设施）对应的产污环节命名。

（2）污染物种类

原料药制造排污单位涉及锅炉的根据GB 13271确定污染物种类，涉及恶臭的根据GB 14554确定污染物种类，涉及危险废物焚烧的根据GB 18484确定污染物种类，其他的根据GB 16297确定污染物种类，待《制药工业大气污染物排放标准》发布后从其规定。有地方排放标准要求的，按照地方排放标准确定。

（3）排放形式

包括有组织排放和无组织排放。

（4）污染治理设施

污染治理设施根据废气来源分为：发酵废气、工艺有机废气、废水处理站废气、危险废物焚烧炉烟气、锅炉烟气、罐区废气、工艺含尘废气、工艺酸碱废气、危废暂存废气等治理系统，无组织排放控制措施以及沼气净化系统。

（5）治理工艺

按照脱硫、脱硝、除尘、VOCs回收或治理、恶臭治理等类型确定废气污染治理工艺。

经对河北、江苏、浙江、北京、天津等原料药制造业化学合成类、发酵类典型排污单位调研，原料药制造排污单位废气产污环节名称、污染物种类、排放形式及污染治理设施情况见表4-2。

表4-2 原料药制造排污单位废气产污环节名称、污染物种类、排放形式及污染治理设施一览表

生产工艺	生产设施	废气产污环节名称	污染物种类	排放形式	污染治理设施名称	污染治理工艺
配料	液体配料设施	有机液体配料	VOCs、特征污染物①		配料有机废气净化系统	冷凝法、吸收法、吸附法、燃烧法、生物处理法、等离子法、光催化氧化以及联用技术、其他
		pH值调整	氯化氢、氨		酸碱废气净化系统	吸收法、吸附法、其他
	固体配料、整粒筛分设施	固体配料、整粒筛分	颗粒物	□有组织 □无组织	配料含尘废气治理系统	袋式除尘器、旋风除尘器、多管除尘器、滤筒除尘器、水浴除尘器、其他
	破碎机、其他	破碎、其他	颗粒物		配粒含尘废气治理系统	袋式除尘器、旋风除尘器、多管除尘器、滤筒除尘器、其他
	其他	无组织排放	VOCs、特征污染物、颗粒物		无组织排放控制措施	各无组织排放点配备有效的废气捕集装置（如局部密闭罩、整体密闭罩、大容积密闭罩等）、其他
发酵	种子罐、发酵罐、消毒罐、配料木加罐	种子培养	VOCs、特征污染物、颗粒物、臭气浓度		发酵废气治理系统	吸收法、旋风分离、两级喷淋除吸收处理技术、两级碱洗+氧化处理技术、转轮浓缩+催化氧化技术、其他
		发酵				
		消毒	VOCs、特征污染物、颗粒物、臭气浓度	□有组织 □无组织	降温后进入发酵废气治理系统	
		配料	颗粒物		发酵废气治理系统	
	其他②	其他	VOCs、特征污染物、臭气浓度、其他		无组织排放控制措施	泄漏修复、各无组织排放点配备有效的废气捕集装置（如局部密闭罩、整体密闭罩、大容积密闭罩等）、其他

续表

生产工艺	生产设施	废气产污环节名称	污染物种类	排放形式	污染治理设施名称	污染治理设施
						污染治理工艺
反应	反应釜、缩合罐、裂解罐	反应釜、缩合罐、裂解罐	VOCs、特征污染物①、颗粒物、臭气浓度		反应废气治理系统	冷凝法、吸收法、吸附法、燃烧法、生物处理法、等离子法、光催化氧化以及联用技术、其他
	其他	其他	VOCs、特征污染物①、臭气浓度、颗粒物、其他	□有组织 □无组织	反应废气治理系统	泄漏修复，各无组织排放点配备有效的废气捕集装置（如局部密闭罩、整体密闭罩、大容积密闭罩等）、其他
					无组织排放控制措施	
分离	离心机	离心机废气	VOCs、特征污染物①、臭气浓度		分离废气治理系统	冷凝法、吸收法、吸附法、燃烧法、生物处理法、等离子法、光催化氧化以及联用技术、其他
	板框压滤机	板框压滤机废气				
	过滤器	过滤器废气				
	转鼓过滤器	转鼓废气		□有组织 □无组织		
	微孔过滤器	微孔过滤器废气				
	苯取罐	苯取罐废气				
	管式分离机	管式分离机废气				
	其他	其他	VOCs、特征污染物①、臭气浓度、颗粒物、其他		其他	
					无组织排放控制措施	各无组织排放点配备有效的废气捕集装置（如局部密闭罩、整体密闭罩、大容积密闭罩等）、其他

续表

生产工艺	生产设施	废气产污环节名称	污染物种类	排放形式	污染治理设施名称	污染治理设施 污染治理工艺
	酸化罐	酸化罐废气				
	吸附塔	吸附塔废气				
	液储罐	液储罐废气				
	反渗透装置	反渗透装置废气	VOCs、特征污染物①、臭气浓度	有组织	提取废气治理系统	冷凝法、吸收法、吸附法、燃烧法、生物处理法、等离子法、光催化氧化以及联用技术、其他
	结晶罐	结晶罐废气				
	干燥器	干燥废气				
提取	转化罐	转化罐废气				
	浸提设备	浸提设备废气				
	其他	其他	VOCs、特征污染物①、臭气浓度、颗粒物、其他	□有组织 □无组织	其他	冷凝法、吸收法、吸附法、燃烧法、生物处理法、等离子法、光催化氧化以及联用技术、其他
					无组织排放控制措施	各无组织排放点配备有效的废气捕集装置（如局部密闭罩、整体密闭罩、大容积密闭罩等）、其他
精制	脱色罐	脱色罐废气	VOCs、特征污染物①、臭气浓度	□有组织 □无组织	精制废气治理系统	冷凝法、吸收法、吸附法、燃烧法、生物处理法、等离子法、光催化氧化以及联用技术、其他
	其他	其他	VOCs、特征污染物①、臭气浓度、颗粒物、其他		其他	
					无组织排放控制措施	各无组织排放点配备有效的废气捕集装置（如局部密闭罩、整体密闭罩、大容积密闭罩等）、其他

续表

生产工艺	生产设施	废气产污环节名称	污染物种类	排放形式	污染治理设施	
					污染治理设施名称	污染治理工艺
干燥	干燥塔	干燥塔废气	颗粒物、VOCs、特征污染物①、臭气浓度		干燥废气治理系统	静电除尘器(注明电场数,如三电场、四电场等)、袋式除尘器(注明滤料种类,如聚酯、聚丙烯、玻璃纤维、聚四氟乙烯布或针刺毡滤料、复合滤料、覆膜滤料等)、电袋复合除尘器、旋风除尘器、滤筒除尘器、湿式电除尘、水浴除尘器、冷凝法、吸收法、吸附法、燃烧法、生物处理法、等离子法、光催化氧化以及联用技术、其他
	真空泵	真空泵废气				
	真空干燥器	真空干燥器废气				
	双锥干燥器	双锥干燥器废气				
	沸腾床	沸腾床废气				
	其他	其他	VOCs、臭气浓度①、特征污染物、其他	□有组织 □无组织	无组织排放控制措施	各无组织排放点配备有效的废气捕集装置(如局部密闭罩、整体密闭罩、大容积密闭罩等)、其他
结晶	结晶罐	结晶罐废气	VOCs、特征污染物、臭气浓度①	□有组织 □无组织	结晶废气治理系统	冷凝法、吸收法、等离子法、光催化氧化以及联用技术、其他
	其他	其他	VOCs、特征污染物①、臭气浓度、颗粒物、其他		无组织排放控制措施	各无组织排放点配备有效的废气捕集装置(如局部密闭罩、整体密闭罩、大容积密闭罩等)、其他

续表

生产工艺	生产设施	废气产污环节名称	污染物种类	排放形式	污染治理设施	
					污染治理设施名称	污染治理工艺
成品	磨粉机	磨粉机废气	颗粒物	□有组织 □无组织	含尘废气治理系统	袋式除尘器(注明滤料种类,如聚酯、聚丙烯、玻璃纤维、聚四氟乙烯机织布或针刺毡滤料、复合滤料、覆膜滤料等)、旋风除尘器、多管除尘器、滤筒除尘器、湿式除尘、其他
	分装机	分装机废气				
	其他	其他	VOCs、特征污染物①、其他	□有组织 □无组织	无组织排放控制措施	各无组织排放点配备有效的废气捕集装置(如局部密闭罩、整体密闭罩、大容积密闭罩等)、其他
溶剂回收	吸收塔	吸收塔废气	VOCs、特征污染物①、臭气浓度	□有组织 □无组织	溶剂回收废气治理系统	冷凝法、吸收法、吸附法、燃烧法、生物处理法、等离子法、光催化氧化以及联用技术、其他
	溶剂萃取设备	溶剂萃取设备废气				
	降膜吸收设备	降膜吸收设备废气				
	精馏塔	精馏塔废气				
	蒸馏釜	蒸馏釜废气				
	其他	其他			无组织排放控制措施	各无组织排放点配备有效的废气捕集装置(如局部密闭罩、整体密闭罩、大容积密闭罩等)、其他
罐区	压力罐、常压罐、固定顶罐、浮顶罐、锥顶罐、拱顶罐、氮气瓶、环氧乙烷瓶、中间母液槽、产品储存罐、其他	呼吸口	VOCs、特征污染物①	□有组织 □无组织	罐区废气治理系统	密闭配套有效的管网输送至净化系统、冷凝、吸收法、吸附法、燃烧法、生物处理法、等离子法、光催化氧化以及联用技术、其他
		其他	VOCs、特征污染物①、臭气浓度	□有组织 □无组织	无组织排放控制措施	封闭皮带、封闭料仓/库、洒水抑尘、苫盖、原料场出口配备车轮清洗(扫)装置、粉料运输采取密闭措施、其他

续表

生产工艺	生产设施	废气产污环节名称	污染物种类	排放形式	污染治理设施名称	污染治理工艺
装卸、转运	槽车、鹤管、其他	装卸料、转运、破碎、混匀、筛分、其他	颗粒物	□有组织 □无组织	含尘废气治理系统	袋式除尘器（注明滤料种类，如聚丙烯、玻璃纤维、聚四氟乙烯机织布或针刺毡滤料、复合滤料、覆膜滤料等）、旋风除尘器、多管筒除尘器、湿式除尘、其他
	泵、管网、其他	无组织排放			无组织排放控制措施	无封闭皮带、封闭料仓、库、洒水抑尘、苫盖，原料场出口配备车轮清洗（扫）装置、运输采取密闭措施，其他
供热系统	锅炉、其他	锅炉废气	烟尘	有组织	锅炉烟气治理系统	静电除尘器（注明电场数，如三电场、四电场等）、袋式除尘器（注明滤料种类，如聚丙烯、玻璃纤维、聚四氟乙烯机织布或针刺毡滤料、覆膜滤料、多管除尘器、电袋复合除尘器、滤筒除尘器、湿式电除尘器、水浴除尘器、其他
			二氧化硫、氮氧化物、汞及其他化合物			脱硫系统（石灰石/石灰-石膏法、双碱法、循环流化床法、旋转喷雾法、氧化镁法、密相干塔法、新型脱硫脱硝一体化技术、MEROS法脱硫技术、海水脱硫、SCR、SNCR、低氮燃烧）、炉内添加卤化物、烟道喷入活性炭[活性炭（焦）法]、协同处置、活性炭（焦）、其他
废水处理系统	调节池、水解酸化池、好氧池、中间池、污泥浓缩池、污泥脱水间、污泥暂存间、风机、泵、其他	废水处理废气	VOCs、特征污染物①、硫化氢、氨、臭气浓度	有组织	恶臭治理净化系统	冷凝法、吸收法、吸附法、燃烧法、生物处理法、等离子法、光催化氧化以及联用技术、其他
	厌氧池	厌氧池臭气	VOCs、特征污染物①、硫化氢、氨、臭气浓度	□有组织 □无组织	沼气净化系统	湿法生物脱硫、湿法化学脱硫、干法化学脱硫、燃烧火炬或锅炉
	其他	无组织排放	VOCs、特征污染物①、硫化氢、氨、臭气浓度		无组织排放控制措施	密闭配备有效的废气收集系统、密闭、并配备有效的废气管网送至净化系统（如局部密闭罩、整体密闭罩、大容积密闭罩）和配套管网送至净化系统

续表

生产工艺	生产设施	废气产污环节名称	污染物种类	排放形式	污染治理设施	
					污染治理设施名称	污染治理工艺
生产工艺	危险废物暂存间,残渣暂存间,废包装储存间	固废废气	VOCs、特征污染物①、臭气浓度		无组织排放控制措施	密闭配套有效的管网送至有机废气处理系统
			烟尘			静电除尘器(注明电场数,如三电场、四电场等)、袋式除尘器(注明滤料种类,如聚酯、聚丙烯、玻璃纤维、聚四氟乙烯机织布或针刺毡滤料、覆膜滤料)、电袋复合除尘器、旋风除尘器、多管除尘器、滤筒除尘器、湿式电除尘、其他
固废处理处置系统	危险废物焚烧炉	燃烧烟气	二氧化硫、氮氧化物、氯化氢、氟化氢、汞及其化合物、镉、铅、砷	□有组织 □无组织	焚烧炉烟气治理系统	脱硫系统(石灰石/石灰-石膏法、氨法、氧化镁法、双碱法、循环流化床法、旋转喷雾法、密相干塔法、新型脱硫技术、MEROS法脱硫除尘一体化技术、SCR、SNCR、低氮燃烧、脱硝系统[活性炭(焦)法]、炉内添加固化物、烟道喷入活性炭(焦)、其他
其他	其他	无组织废气	颗粒物、氯化氢、非甲烷总烃,其他②		无组织排放控制措施	各无组织点配备有效的废气捕集装置(如局部密闭罩、整体密闭罩、大容积密闭罩),其他

① 特征污染物指苯、甲苯、二甲苯、酚类、乙醛、丙烯醛、丙烯腈、丙酮、甲醇、氰化氢、苯胺类、氯苯类、氯乙烯、苯并[a]芘、光气、丙酮、二氯甲烷、苯酚、氯苯类、乙酸乙酯、乙酸丁酯、氨、三甲胺、正丁醇、硫化氢、甲硫醇、甲硫醚、二硫化碳、苯乙烯等。

② 若利用锅炉或焚烧炉焚烧燃烧处理废气时,污染物种类应增加VOCs、臭气浓度,若燃烧含氯有机废气时,还需增加二噁英类指标。

注:其他是指表中未列出的项目,需根据实际情况手工填写。

（6）污染治理设施、有组织排放口编号

排污单位可填写企业内部污染治理设施编号、地方环境管理部门现有有组织排放口编号，或者由排污单位根据《固定污染源（水、大气）编码规则（试行）》进行编号并填写。填报完成后，平台会针对排污单位填报编号自动生成统一规范的污染治理设施编号和排放口编号。

（7）排放口设置是否符合要求

排放口设置应符合《排污口规范化整治技术要求（试行）》（国家环保局 环监〔1996〕470 号）等相关文件的规定，若地方有排污口规范化要求的，应符合地方要求。排污单位在申报排污许可证时应提交排污口规范化的相关证明文件，自证符合要求。

（8）排放口类型

废气排放口分为主要排放口和一般排放口。制药行业有组织排放源较多，一个制药联合企业可能有上百根排气筒或烟囱。为兼顾行业特点和精细化管理要求，本技术规范对废气有组织排放口实施分类管控，将排放量约占 80% 以上的发酵废气、工艺有机废气、废水处理站废气、锅炉烟气和危险废物焚烧烟气排放口作为主要排放口，除主要排放口之外的罐区废气排放口、工艺酸碱废气排放口、工艺含尘废气排气口、危废暂存废气排放口等均为一般排放口。

4.5.4.2 废水

本节内容用于指导原料药制造排污单位填报《排污许可证申请表》中表 5。

（1）废水类别和污染物种类

依据《发酵类制药工业水污染物排放标准》（GB 21903）、《化学合成类制药工业水污染物排放标准》（GB 21904）和《提取类制药工业水污染物排放标准》（GB 21905）确定，有地方排放标准要求的按照地方排放标准确定。

1）废水类别 分为主生产过程排水（提取废水、发酵废水、合成废水、设备冲洗水等）、辅助过程排水（循环冷却水排水、中水回用系统排水、水环真空泵排水、制水排水、蒸馏设备冷凝水、废气处理设施废水等）、生活污水、初期雨水和其他。

2）污染物种类 为国家标准 GB 8978、GB 21903、GB 21904、GB 21905、GB/T 31962 中各项污染因子，包括 pH 值、色度（稀释倍数）、悬浮物、五日生化需氧量（BOD_5）、化学需氧量（COD_{Cr}）、氨氮、总氮、总磷、总有机碳（TOC）、急性毒性（$HgCl_2$ 毒性当量）、总铜、总锌、总氰化物、挥发酚、硫化物、硝基苯类、苯胺类、二氯甲烷、总汞、烷基汞、总镉、六价铬、总砷、总铅、总镍、动植物油、急性毒性、甲醛、乙腈、总余氯（以 Cl^- 计）、粪大肠菌群数/（MPN/L）等。地方有其他要求的服从其规定。

（2）排放去向及排放规律

根据《废水排放去向代码》（HJ 523），确定废水排放去向。分为：不外排；排至厂内综合污水处理站；直接进入海域；直接进入江河、湖、库等水环境；进入城市下水道（再入江河、湖、库）；进入城市下水道（再入沿海海域）；进入城市污水处理厂；进入其他单位；进入工业废水集中处理设施；其他（回用等）。

根据《废水排放规律代码》（HJ 521）确定废水排放规律：连续排放，流量稳定；连续排放，流量不稳定，但有周期性规律；连续排放，流量不稳定，但有规律，且不属于周期性规律；连续排放，流量不稳定，属于冲击型排放；连续排放，流量不稳定且无规律，但不属于冲击型排放；间断排放，排放期间流量稳定；间断排放，排放期间流量不稳定，但有周期性规律；间断排放，排放期间流量不稳定，但有规律，且不属于非周期性规律；间断排放，排放期间流量不稳定，属于冲击型排放；间断排放，排放期间流量不稳定且无规律，但不属于冲击型排放。

（3）废水治理设施名称

根据不同的处理阶段分为主生产过程排水预处理设施、综合废水处理设施、中水回用处理设施、其他。

（4）污染治理工艺

根据废水类型、水质及相关标准要求确定污染治理工艺。

1）主生产过程排水预处理　主生产过程排水中的高含盐废水、高氨氮废水、有生物毒性或难降解废水、高悬浮物废水、高动植物油废水等，可分别采用蒸发、吹脱、汽提、氧化、还原、混凝沉淀、混凝气浮、破乳化等预处理后，进入综合废水处理设施。

2）综合废水处理

① 预处理：隔油、气浮、混凝、沉淀、调节、中和、氧化、还原及其他。

② 生化处理：升流式厌氧污泥床（UASB）、厌氧颗粒污泥膨胀床（EGSB）、厌氧流化床（AFB）、复合式厌氧污泥床（UBF）、厌氧内循环反应器（IC）、水解酸化、活性污泥法、序批式活性污泥法（SBR）、缺氧/好氧法（A/O）、厌氧/缺氧/好氧工艺（A²/O）、膜生物法（MBR）、曝气生物滤池（BAF）、生物接触氧化法及其他。

③ 深度处理：混凝、过滤、高级氧化、膜生物法（MBR）、曝气生物滤池（BAF）及其他。

3）中水回用处理　过滤、沉淀、超滤（UF）、反渗透（RO）、脱盐、消毒及其他。

（5）排放口类型

根据 GB 31570 和 GB 31571，废水排放口类型分为排污单位废水总排放口（直接排放口、间接排放口）和车间或生产设施废水排放口。

经调研，原料药制造排污单位废水产污环节名称、污染物种类、排放形式及污染治理设施见表 4-3。

表 4-3 原料药制造排污单位废水产污环节名称、污染物种类、排放形式及污染治理设施

生产环节		废水产污环节名称	污染物种类及浓度 /（mg/L）	排放形式	污染治理设施	
	生产设施				污染治理设施名称	污染治理工艺
发酵	发酵罐、种子罐、其他	设备清洗	COD（<1000）、氨氮（<100）	间歇	废水处理站	废水处理工艺包括综合预处理＋生化处理＋后处理，综合预处理包括中和、混凝沉淀或气浮，化学氧化或还原等；生化处理包括厌氧（UASB、UBF、IC 等）、水解酸化、好氧（活性污泥法、接触氧化、SBR、CASS、MBR 等）、后处理包括催化氧化、混凝沉淀、BAF、MVR 等
		地面清洗	COD（<500）、氨氮（<50）	间歇		
反应	反应釜、缩合釜、裂解釜、其他	设备清洗	COD（<1000）、氨氮（<100）	间歇	废水处理站	
		地面清洗	COD（<500）、氨氮（<50）	间歇		
分离	离心机、板框压滤、转鼓过滤、其他	废滤液（从菌体中提取药物或药物已结晶）	发酵类一般 COD（>10000）、氨氮（<300）；合成类 COD 一般数万、氨氮不一定、高的数千以上、盐度较高，有的含一类污染物，两类均可能残留微量药物	批次	车间单独收集、预处理后进废水处理站	车间预处理工艺包括中和、萃取、汽提、吹脱、氧化还原、多效蒸发等，含一类污染物的，车间或预处理设施排放口达标、再进入废水处理站
		设备清洗	一般 COD（1000～10000）、发酵类悬浮物较高	间歇	废水处理站	废水处理包括综合预处理＋生化处理＋后处理
		地面清洗	COD（<500）、氨氮（<50）	间歇		

续表

生产环节	生产设施	废水产污环节名称	污染物种类及浓度/(mg/L)	排放形式	污染治理设施	
					污染治理设施名称	污染治理工艺
提取	吸附罐、结晶罐、萃取罐、浸提设备、结晶罐、其他	废母液	发酵和提取类一般COD数千以上;合成类COD一般数千万,高浓度氨氮均不一定,盐度较高,两类均可能残留微量药物	批次	车间单独收集,预处理后进废水处理站	车间预处理工艺包括中和、萃取、汽提、吹脱、氧化还原、多效蒸发等,再入废水处理站
		设备清洗	COD(<1000)、氨氮(<100)	间歇	废水处理站	废水处理工艺包括综合预处理+生化处理+后处理
		地面清洗	COD(<500)、氨氮(<50)	间歇	废水处理站	废水处理工艺包括综合预处理+生化处理+后处理
精制	结晶罐、脱色罐、其他	废母液	COD数千以上。氨氮一般数千不一定,高浓度可能残留微量药物	批次	车间单独收集,预处理后进废水处理站	车间预处理工艺包括中和、萃取、汽提、吹脱、氧化还原、多效蒸发等,再入废水处理站
		设备清洗	COD(<1000)、氨氮(<100)	间歇	废水处理站	废水处理工艺包括综合预处理+生化处理+后处理
		地面清洗	COD(<500)、氨氮(<50)	间歇	废水处理站	废水处理工艺包括综合预处理+生化处理+后处理
干燥	真空干燥塔、双锥干燥、沸腾床、水环真空泵、其他	水环真空泵排水	COD一般最高数千;氨氮较低	连续	废水处理站	废水处理工艺包括综合预处理+生化处理+后处理
		设备清洗	COD(<1000)、氨氮(<100)	间歇	废水处理站	废水处理工艺包括综合预处理+生化处理+后处理
		地面清洗	COD(<500)、氨氮(<50)	间歇	废水处理站	废水处理工艺包括综合预处理+生化处理+后处理

续表

生产环节	生产设施	废水产污环节名称	污染物种类及浓度/(mg/L)	排放形式	污染治理设施	
					污染治理设施名称	污染治理工艺
成品	磨粉机、分装机、水环真空泵、其他	水环真空泵排水	COD一般最高数千、氨氮较低	连续	废水处理站	废水处理工艺包括综合预处理＋生化处理＋后处理
		设备清洗	COD(<1000)、氨氮(<100)	间歇	废水处理站	
		地面清洗	COD(<500)、氨氮(<50)	间歇		
溶剂回收	蒸馏釜、精馏塔、萃取罐、降膜吸收塔、水环真空泵、其他	废母液(水相)	发酵和提取类一般COD>10000，合成类COD一般数万、盐度均较高	批次	车间单独收集、预处理后进废水处理站	车间预处理工艺包括中和、萃取、汽提、吹脱、氧化还原、多效蒸发等，再进入废水处理站
		水环真空泵排水	COD一般最高数千、氨氮较低	连续	废水处理站	废水处理工艺包括综合预处理＋生化处理＋后处理
		设备清洗	COD(<1000)、氨氮(<100)	间歇	废水处理站	
		地面清洗	COD(<500)、氨氮(<50)	间歇		
供热系统	锅炉、其他	锅炉废水	COD(<100)、盐度(>1000)	间歇	直接排放或回用	如回用需脱盐处理，一般采用"双膜法"
		脱硫除尘废水	COD约100，酸性，悬浮物和TDS均超过1000	连续	单独处理后直接排放或回用	处理采用中和、沉淀、过滤技术，如回用需脱盐处理，一般采用"双膜法"
		设备地面清洗废水	COD(<500)、氨氮(<50)	间歇	废水处理站	废水处理工艺包括综合预处理＋生化处理＋后处理

续表

生产环节	生产设施	废水产污环节名称	污染物种类及浓度 /(mg/L)	排放形式	污染治理设施	
					污染治理设施名称	污染治理工艺
固体废物处置系统	菌渣暂存库房,危险废物暂存间,废包装间,危险废物焚烧炉,其他	暂存间清洗废水	COD(<1000)、氨氮(<100)	间歇	废水处理站	废水处理工艺包括综合预处理+生化处理+后处理
		燃烧烟气处理排水	COD 一般最高数干,成分复杂	间歇	废水处理站	废水处理工艺包括综合预处理+生化处理+后处理
		设备地面清洗废水	COD(<500)、氨氮(<50)	间歇	废水处理站	废水处理工艺包括综合预处理+生化处理+后处理
废气处理系统	洗涤塔,其他	废气处理排水	COD(<1000)、氨氮(<100)	间歇	废水处理站	废水处理工艺包括综合预处理+生化处理+后处理
		设备地面清洗废水	COD(<500)、氨氮(<50)	间歇	废水处理站	废水处理工艺包括综合预处理+生化处理+后处理
动力系统	纯水制备设施,循环水系统,制冷系统,空压系统等	制水排水	COD(<100),盐度(>1000)	间歇	直接排放或回用	如回用需脱盐处理,一般采用"双膜法"
		冷却排水	COD(<100),盐度(>1000),悬浮物(<100)	间歇	直接排放或回用	如回用需脱盐处理,一般采用"双膜法"
		设备地面清洗废水	COD(<500)、氨氮(<50)	间歇	废水处理站	废水处理工艺包括综合预处理+生化处理+后处理
厂区	化粪池,消防废水和初期雨水池,其他	生活污水	COD(<500)、氨氮(<50)	间歇	生活污水处理系统或综合废水处理站	生活污水处理系统一般为化粪池,好氧生物处理;综合废水处理工艺包括综合预处理+生化处理+后处理
		消防废水	COD 一般最高数干,成分复杂	批次	废水处理站	废水处理工艺包括综合预处理+生化处理+后处理
		初期雨水	COD(<500)、氨氮(<50)	批次	废水处理站	废水处理工艺包括综合预处理+生化处理+后处理

（6）污染治理设施、排放口编号

根据企业内部污染治理设施编号、地方环境管理部门现有排放口编号，或由排污单位根据《固定污染源（水、大气）编码规则（试行）》进行编号并填写。填报完成后，平台会针对排污单位填报编号自动生成统一规范的污染治理设施编号和排放口编号。

（7）排放口设置是否符合要求

根据《排污口规范化整治技术要求（试行）》（国家环保局 环监〔1996〕470号）等相关文件的规定，结合实际情况填报废水排放口设置是否符合规范化要求。若地方有排污口规范化要求，应符合地方要求。排污单位在申报排污许可证时应提交排污口规范化的相关证明文件，自证符合要求。

（8）其他要求

对标准中未明确事项进行解释说明，主要包括厂区总平面布置图和全厂雨水、污水管线图、生产工艺流程图。

1）厂区总平面布置图　给出厂区总平面布置图，图中应标明主要生产单元名称、位置，有组织排放污染源、废水排放口位置。

2）全厂雨水、污水管线图　厂区雨水、污水集输管道走向及排放去向，废水应急事故池位置等。

3）生产工艺流程图　按产品类别给出生产工艺流程和排污节点图，图中应标明主要生产单元名称、主要物料走向等。

地方环境保护管理部门有规定的或企业认为有必要的，排污单位可给出生产单元工艺流程及产排污节点图，并标明物料走向和产排污节点（设备位号、排放位置和去向）。

4.6 产排污节点对应排放口及许可排放限值确定方法

4.6.1 产排污节点对应排放口

（1）废气

排污单位应按照标准（HJ 858.1—2017）要求，在排污许可证管理信息平台申报系统填报《排污许可证申请表》中废气排放口信息，包括排放口地理坐标、排放口高度、排放口出口内径、国家或地方污染物排放标准、环境影响评价批复要求、承诺更加严格排放限值，其余项为依据标准（HJ 858.1—2017）第4.5部分填报的产排污节点及排放口信息，信息平台系统自动生成。

排污单位废气管控污染源和污染物项目见表4-4。

表 4-4 纳入许可管理的废气管控污染源及污染物项目

排放口类型	管控污染源	许可排放浓度(或速率)污染物项目	许可排放量污染物项目
主要排放口	发酵废气排放口	颗粒物、挥发性有机物、臭气浓度、特征污染物①	挥发性有机物
	工艺有机废气排放口	挥发性有机物、臭气浓度、特征污染物①	挥发性有机物
	废水处理站废气排放口	挥发性有机物、臭气浓度、特征污染物①	挥发性有机物
	危险废物焚烧炉烟囱	烟尘、一氧化碳、二氧化硫、氟化氢、氯化氢、氮氧化物、汞及其化合物、镉及其化合物、(砷、镍及其化合物)、铅及其化合物、(锑、铬、锡、铜、锰及其化合物)、二噁英类、挥发性有机物②、臭气浓度②	颗粒物、二氧化硫、氮氧化物
	锅炉烟囱	颗粒物、二氧化硫、氮氧化物、汞及其化合物③、挥发性有机物②、臭气浓度②、二噁英类②	颗粒物、二氧化硫、氮氧化物
一般排放口	罐区废气排放口	挥发性有机物、特征污染物①	—
	工艺酸碱废气排放口	特征污染物①	—
	工艺含尘废气排放口	颗粒物	—
	危废暂存废气排放口	挥发性有机物、臭气浓度、特征污染物①	—

① 见 GB 16297 和 GB 18484 所列污染物，恶臭项目执行许可排放速率。

② 利用锅炉或焚烧炉燃烧处理废气时，增加监测挥发性有机物、臭气浓度指标；锅炉燃烧含氯有机废气时，还需增加二噁英类指标。

③ 燃煤锅炉烟囱必须增加控制该项目。

（2）废水

本节内容用于原料药制造排污单位填报《排污许可证申请表》（环水体〔2016〕186 号中附2）表 11～表 13。

排污单位应按照标准（HJ 858.1—2017）要求，在排污许可证管理信息平台申报系统填报《排污许可证申请表》中废水直接排放口和间接排放口信息。废水直接排放口应填报排放口地理坐标、间歇排放时段、受纳自然水体信息、汇入受纳自然水体处地理坐标、国家或地方污染物排放标准、环境影响评价批复要求、承诺更加严格排放限值；废水间接排放口应填报排放口地理坐标、间歇排放时段、受纳污水处理厂信息及执行的污染物接收标准。其余项为依据标准（HJ 858.1—2017）第 4.5 部分填报的产排污节点及排放口信息，信息平台系统自动生成。废水间歇式排放的，应当载明排放污染物的时段。

排污单位纳入排污许可管理的废水类别包括所有生产过程产生的废水、排入厂区废水处理站的生活污水和初期雨水。单独排入城镇集中污水处理设施的生活污水仅说明去向。地方有其他要求的从其规定。纳入许可管理的废水管控污染源及污染物项目见表 4-5。

表 4-5　纳入许可管理的废水管控污染源及污染物项目

管控污染源		许可排放浓度污染物项目	许可排放量污染物项目
企业废水总排放口	化学合成类	pH 值、色度、悬浮物、五日生化需氧量、化学需氧量、氨氮、总氮、总磷、总有机碳、急性毒性、总铜、总锌、总氰化物、挥发酚、硫化物、硝基苯类、苯胺类、二氯甲烷	化学需氧量、氨氮、总氮①、总磷①
	发酵类	pH 值、色度、悬浮物、五日生化需氧量、化学需氧量、氨氮、总氮、总磷、总有机碳、急性毒性、总锌、总氰化物	
	提取类	pH 值、色度、悬浮物、五日生化需氧量、化学需氧量、动植物油、氨氮、总氮、总磷、总有机碳、急性毒性	
车间或生产设施废水排放口		总汞、烷基汞、总镉、六价铬、总铅、总砷、总镍	—

　　① 按照《"十三五"生态环境保护规划》要求进行总磷和总氮总量控制的区域，需要给出总磷和总氮许可排放量。

4.6.2　许可排放限值

4.6.2.1　一般原则

许可排放限值包括污染物许可排放浓度和许可排放量。

对于大气污染物，以排放口为单位确定主要排放口和一般排放口的许可排放浓度，以厂界点确定无组织许可排放浓度。主要排放口按排放口类别逐一确定许可排放量。

对于水污染物，车间或生产设施排放一类污染物的废水排放口许可排放浓度，废水总排放口许可排放浓度和许可排放量。

对于新增污染源，依据污染物排放标准、环境影响评价文件及批复要求从严确定许可排放浓度；依据环境影响评价文件及批复要求、总量控制指标及标准（HJ 858.1—2017）推荐的方法从严确定许可排放量。

对于现有污染源，依据污染物排放标准确定许可排放浓度；依据总量控制指标及标准（HJ 858.1—2017）推荐的方法从严确定许可排放量。有核发权的地方环境保护主管部门，可根据环境质量改善需要综合考虑环境影响评价文件及批复要求，从严确定许可排放浓度和许可排放量。

总量控制指标包括地方政府或环境保护管理部门发文确定的排污单位总量控制指标、环境影响评价文件及其批复中确定的总量控制指标、现有排污许可证中载明的总量控制指标、通过排污权有偿使用和交易确定的总量控制指标等地方政府或环境保护管理部门与排污许可证申领企业以一定形式确认的总量控制指标。

排污单位填报排污许可限值时，应在排污许可申请表中写明申请的许可排放限值计算过程。

排污单位申请的许可排放限值严于本规范规定的，排污许可证按照申请的许可排放限值核发。

4.6.2.2 许可排放浓度

（1）废气

以产排污节点对应的生产设施或排放口为单位，明确各排放口各污染物许可排放浓度。

用于指导《排污许可证申请表》中的表7～表9、表13。

原料药制造排污单位废气污染物种类多，按照排放形式分为有组织排放、无组织排放。鉴于目前无组织排放量的计算存在基础数据不足，计算方法不统一等原因，标准（HJ 858.1—2017）仅对厂界和厂内无组织排放限值进行要求。

有组织废气排放浓度许可原则如下。

① 发酵、工艺有机废水处理站、罐区、工艺酸碱、工艺含尘、危废暂存等废气中涉及的废气污染物依据GB 16297、GB 14554确定许可排放浓度，待《制药工业大气污染物排放标准》发布后从其规定。

② 锅炉废气中颗粒物、二氧化硫、氮氧化物、汞及其化合物（仅适用于燃煤锅炉）依据GB 13271确定许可排放浓度。其中京津冀大气污染传输通道城市（"2+26"城市）北京市、天津市、石家庄市、唐山市、保定市、廊坊市、沧州市、衡水市、邢台市、邯郸市、太原市、阳泉市、长治市、晋城市、济南市、淄博市、济宁市、德州市、聊城市、滨州市、菏泽市、郑州市、开封市、安阳市、鹤壁市、新乡市、焦作市、濮阳市等按照《关于京津冀及周边地区执行大气污染物特别排放限值的公告（征求意见稿）》（环办大气函〔2017〕773号）的要求确定许可排放浓度；上海市、南京市、无锡市、常州市、苏州市、南通市、扬州市、镇江市、泰州市、杭州市、宁波市、嘉兴市、湖州市、绍兴市、广州市、深圳市、珠海市、佛山市、江门市、肇庆市、惠州市、东莞市、中山市、沈阳市、青岛市、潍坊市、日照市、武汉市、长沙市、重庆市主城区、成都市、福州市、三明市、西安市、咸阳市、兰州市、银川市、乌鲁木齐等城市市域范围按照《关于执行大气污染物特别排放限值的公告》（环境保护部公告2013年第14号）和《关于执行大气污染物特别排放限值有关问题的复函》（环办大气函〔2016〕1087号）的要求确定许可排放浓度。其他依法执行特别排放限值的应从其规定。

③ 焚烧危险废物的焚烧炉废气中烟尘、二氧化硫、一氧化碳、氟化氢、氯化氢、氮氧化物、汞及其化合物、镉及其化合物、（砷、镍及其化合物）、铅及其化合物、（锑、铬、锡、铜、锰及其化合物）、二噁英类污染物应依据GB 18484确定许可排放浓度。

④ 利用锅炉或焚烧炉燃烧处理有机废气时，增加监测VOCs、臭气浓度许可排放浓度指标。

⑤ 若执行不同许可排放浓度的多台生产设施或排放口采用混合方式排放废气，

且选择的监控位置只能监测混合废气中的大气污染物浓度，则应执行各限值要求中最严格的许可排放浓度。

（2）废水

1）直接排放　排污单位水污染物依据 GB 21903、GB 21904、GB 21905 确定许可排放浓度。有地方排放标准的按照地方排放标准确定。各污染物许可排放浓度（除 pH 值、色度和急性毒性外）为日均浓度。

《关于太湖流域执行国家排放标准水污染物特别排放限值时间的公告》（公告 2008 年第 28 号）中所涉及行政区域的水污染物特别排放限值按其要求执行，江苏省苏州市全市辖区，无锡市全市辖区，常州市全市辖区，镇江市的丹阳市、句容市、丹徒区，南京市的溧水县、高淳县；浙江省湖州市全市辖区，嘉兴市全市辖区，杭州市的杭州市区（上城区、下城区、拱墅区、江干区、余杭区，西湖区的钱塘江流域以外区域）、临安市的钱塘江流域以外区域；上海市青浦区全部辖区。其他依法执行特别排放限值的应从其规定。

2）间接排放　排污单位向设置园区污水处理厂或城镇污水处理厂的排水系统排放废水时，其污染物的排放控制要求由排污单位与园区或城镇污水处理厂根据其污水处理能力商定相关标准。

3）混合排放　若排污单位生产设施同时生产两种以上产品、可适用不同排放控制要求或不同行业国家污染物排放标准，且生产设施产生的污水混合处理排放的情况下，应执行排放标准中规定的最严格的浓度限值。

4.6.2.3　许可排放量

（1）废气

用于指导《排污许可证申请表》中的表 8～表 10。

原料药制造排污单位许可排放量为主要排放口的许可排放量，包括年许可排放量和特殊时段的日许可排放量；其中，二氧化硫、氮氧化物、颗粒物的许可排放量以锅炉烟气、危险废物焚烧炉烟气分类进行许可。挥发性有机物的许可排放量以发酵废气、废水处理站废气、工艺有机废气分类进行许可，若锅炉或焚烧炉燃烧有机废气，还需分别对其挥发性有机物排放量进行许可。

标准（HJ 858.1—2017）将二氧化硫、氮氧化物、颗粒物和挥发性有机物作为有组织排放源排放量核算的主要因子。

1）二氧化硫、氮氧化物、颗粒物的年许可排放量核算方法

① 锅炉烟气。锅炉烟气许可排放量参照《造纸行业排污许可证申请与核发技术规范》中关于锅炉烟气许可排放量的核算方法，采用基准排气量法核算许可排放量。

执行（GB 13271）的锅炉废气污染物许可排放量依据废气污染物许可排放浓度限值、基准排气量和燃料用量核定，基准烟气量见表 4-6。

表 4-6 锅炉废气基准烟气量取值表

锅 炉	热值/(MJ/kg)	基准烟气量(标)
燃煤锅炉/[m³/kg(燃煤)]	12.5	6.2
	21	9.9
	25	11.6
燃油锅炉/[m³/kg(燃油)]	38	12.2
	40	12.8
	43	13.8
燃气锅炉/(m³/m³)	—	12.3

注：1. 燃用其他热值燃料的，可按照《动力工程师手册》进行计算。

2. 燃用生物质燃料蒸汽锅炉的基准排气量参考燃煤蒸汽锅炉确定，或参考近 3 年排污单位实测的烟气量，或近一年连续在线监测的烟气量。

燃煤或燃油锅炉废气污染物许可排放量计算公式如下：

$$D = RQC \times 10^{-6} \tag{4-1}$$

式中　D——废气污染物许可排放量，t/a；

　　　R——设计燃料用量，t/a；

　　　C——废气污染物的许可排放浓度限值，mg/m³；

　　　Q——单位质量燃煤或燃油基准排气量（标），m³/kg。

燃气锅炉废气污染物许可排放量计算公式如下：

$$D = RQC \times 10^{-9} \tag{4-2}$$

式中　R——设计燃料用量，m³/a；

　　　Q——基准排气量（标），m³/m³。

② 危险废物焚烧烟气。危险废物焚烧烟气许可排放量由于没有基准排气量，采用废气污染物许可排放浓度限值、排放源的排气量和年设计生产时间核算许可排放量。

危险废物焚烧烟气污染物许可排放量依据废气污染物许可排放浓度限值、排放源的排气量和年设计生产时间核算。

$$D = hQC \times 10^{-9} \tag{4-3}$$

式中　D——废气污染物年许可排放量，t/a；

　　　h——年设计生产时间，h/a；

　　　Q——排放源的排气量（标），m³/h，排放源的排气量以近 3 年实际排气量的均值进行核算，未满 3 年的以实际生产周期的实际排气量的均值进行核算，新建企业以环评核算的设计排气量进行核算；

　　　C——废气污染物许可排放浓度限值，mg/m³。

2）挥发性有机物的年许可排放量核算方法　《制药行业大气污染物排放标准》（征求意见稿）中仅给出了 5 个产品的挥发性有机物排放绩效值，见表 4-7。对于排污许可证中的 VOCs 许可排放量，若采用绩效值法进行计算，标准中给出的 5 个产品仅为 3 大类中的典型产品，难以涵盖制药工业 10 大类的 1800 余种产品。编制组充分考虑各类许可排放量核算方法，考虑到采用《制药行业大气污染物排放标准》（征求意见稿）中的绩效值法，难以核算各类药品的挥发性有机物许可排放量，因此编制组参照《排污许可证申请与核发技术规范　石化工业》（征求意见稿）中大气污染物许可排放量的核算方法，依据废气污染物许可排放浓度限值、排气量和年设计生产时间核定挥发性有机物的许可排放量。

表 4-7　主要原料药（中间体）VOCs 排放绩效限值　　　　单位：kgVOCs/t 产品

适用区域	维生素 C 类	维生素 E 类	青霉素类	咖啡因	头孢类
一般地区	30	100	600	400	25
重点区域	20	70	400	300	18

排污单位发酵废气、废水处理站废气、工艺有机废气等主要排放口中污染物的年许可排放量，应同时满足基于许可排放浓度（速率）和单位产品排放基准绩效两种方法核定的许可排放量。

① 基于许可排放浓度（速率）的年许可排放量　各主要排放口挥发性有机物年许可排放量依据许可排放浓度限值、排气量和年设计生产时间核定，按公式(4-4)计算：

$$E_i = hQ_iC_i \times 10^{-9} \tag{4-4}$$

式中　E_i——第 i 个排放口废气污染物年许可排放量，t/a；

　　　h——年设计生产时间，h/a；

　　　Q_i——第 i 个排放口排气量（标），m³/h，排放源的排气量以近 3 年实际排气量的均值进行核算，未满 3 年的以实际生产周期的实际排气量均值进行核算，同时不得超过设计排气量；

　　　C_i——第 i 个排放口挥发性有机物许可排放浓度限值（标），mg/m³。

② 基于单位产品排放基准绩效的年许可排放量　各主要排放口挥发性有机物年许可排放量之和，应满足按公式(4-5)计算的许可排放量：

$$E = Sa10^{-3} \tag{4-5}$$

式中　E——挥发性有机物年许可排放量，t/a；

　　　S——排污单位近 3 年实际产量平均值，未投运或投运不满 1 年的按产能计算，投运满 1 年但未满 3 年的取周期年实际产量平均值，当实际产量平均值超过产能时，按产能计算，t/a；

　　　a——VOCs 排放基准绩效限值，按表 6 取值，待《制药工业大气污染物排放标准》颁布后从其规定。

3）特殊时段许可排放量核算方法　重污染天气应对期间、重大活动保障期间和冬防期间，排污单位应按照国家或所在地区人民政府制定的重污染天气应急预案、各地人民政府制定的冬防措施、重大活动保障措施等文件，根据停产、减产生产等要求，确定特殊时段短期许可排放量和产量控制要求。在许可证有效期内，国家或排污单位所在地区人民政府发布新的特殊时段要求的，排污单位应当按照新的停产、减产生产等要求进行排放。重污染日原料药制造排污单位日许可排放量计算方法：

$$E_{日许可}=E_{前一年环统日均排放量}\times(1-\alpha) \tag{4-6}$$

式中　　$E_{日许可}$——制药工业排污单位重污染天气应对期间日许可排放量，t；

$E_{前一年环统日均排放量}$——制药工业排污单位前一年环境统计实际排放量折算的日均值，t；

　　　　α——重污染天气应对期间日产量或排放量减少比例，%。

（2）废水

用于指导排污单位填写《排污许可证申请表》（环水体〔2016〕186号附2）中的表14。核算化学需氧量、氨氮、总磷、总氮以及受纳水体环境质量超标且列入GB 21903、GB 21904、GB 21905中的的其他污染物项目年许可排放量。其中，《"十三五"生态环境保护规划》要求总磷和总氮总量控制的区域，需要给出总磷和总氮许可排放量。生活污水单独排入城镇集中污水处理设施的生活污水无需申请许可排放量。

对位于《"十三五"生态环境保护规划》区域性、流域性的总磷、总氮总量控制区域内的原料药制造业排污单位，还应申请总磷及总氮年许可排放量。总磷总量控制区指总磷超标的控制单元以及上游相关地区实施总磷总量控制，包括天津市宝坻区，黑龙江省鸡西市，贵州省黔南布依族苗族自治州、黔东南苗族侗族自治州，河南省漯河市、鹤壁市、安阳市、新乡市，湖北省宜昌市、十堰市，湖南省常德市、益阳市、岳阳市，江西省南昌市、九江市，辽宁省抚顺市，四川省宜宾市、泸州市、眉山市、乐山市、成都市、资阳市，云南省玉溪市等。总氮总量控制区指在56个沿海地级及以上城市或区域实施总氮总量控制，包括丹东市、大连市、锦州市、营口市、盘锦市、葫芦岛市、秦皇岛市、唐山市、沧州市、天津市、滨州市、东营市、潍坊市、烟台市、威海市、青岛市、日照市、连云港市、盐城市、南通市、上海市、杭州市、宁波市、温州市、嘉兴市、绍兴市、舟山市、台州市、福州市、平潭综合实验区、厦门市、莆田市、宁德市、漳州市、泉州市、广州市、深圳市、珠海市、汕头市、江门市、湛江市、茂名市、惠州市、汕尾市、阳江市、东莞市、中山市、潮州市、揭阳市、北海市、防城港市、钦州市、海口市、三亚市、三沙市和海南省直辖县级行政区等。在29个富营养化湖库汇水范围内实施总氮总量控制，包括安徽省巢湖、龙感湖，安徽省、湖北省南漪湖，北京市怀柔水库，天津市于桥水库，河北省白洋淀，吉林省松花湖，内蒙古自治区呼伦湖、乌梁素海，山东省南四湖，江苏省白马湖、高邮湖、洪泽湖、太湖、阳澄湖，浙江省西湖，上海市、江苏省淀山湖，湖南省洞庭湖，广东省高州水库、鹤地水库，四川省鲁班水库、邛海，云南省滇池、杞麓湖、星云湖、异龙湖，宁夏回族自治区沙湖、香山湖，新疆自治区艾比湖等。

　　明确排污单位水污染物年许可排放量依据水污染物许可排放浓度限值、单位产品基准排水量和产品设计产能核定。单位产品基准排水量见附录C。附录C中未注明单位产品基准排水量的产品，产品产量和排水量取近3年的实际年均值核算该产品的单位产品基准排水量；未投运和投运不满一年的产品，产品产量和排水量参照环境影响评价报告取值核算该产品的单位产品基准排水量；投运满1年但未满3年的产品，产品产量和排水量取实际周期的年均值核算该产品的单位产品基准排水量。计算公式如下。

　　1）单独排放　排污单位水污染物年许可排放量计算公式如下：

$$D = SQC \times 10^{-6} \tag{4-7}$$

式中　D——某种水污染物年许可排放量，t/a；

　　　S——排污单位近3年实际产量平均值，未投运或投运不满1年的按产能计算，投运满1年但未满3年的取周期年实际产量平均值，当实际产量平均值超过产能时按产能计算，t/a；

　　　Q——单位质量产品基准排水量，具体见附录D，地方排放标准中有要求的从其规定，m^3/t；

　　　C——水污染物许可排放浓度限值，mg/L。

　　2）混合排放　排污单位同时生产两种或两种以上产品的，废水中污染物年许可排放量按公式(4-8)计算：

$$D = C \times \sum_{i}^{n} (Q_i \times S_i) \times 10^{-6} \tag{4-8}$$

式中　D——某种水污染物年许可排放量，t/a；

　　　C——水污染物许可排放浓度限值，mg/L；

　　　Q_i——单位质量i产品工业废水基准排水量，具体见附录D，地方排放标准中有要求的从其规定，m^3/t；

　　　S_i——第i产品近3年实际产量平均值，未投运或投运不满1年的按产能计算，投运满1年但未满3年的取周期年实际产量平均值，当实际产量平均值超过产能时按产能计算，t/a；

　　　n——同时生产的产品种数。

4.7　污染防治可行技术要求

4.7.1　废气

4.7.1.1　废气处理推荐可行技术

　　编制组依据已发布的《建设项目竣工环境保护验收技术规范　制药》（HJ 792—

2016)、《制药工业污染防治技术政策》（公告 2012 年第 18 号）、《挥发性有机物（VOCs）污染防治技术政策》（公告 2013 年第 31 号）、《挥发性有机物无组织排放控制标准》以及《环境影响评价技术导则 制药建设项目》（HJ 611—2011）等文件相关要求，同时通过企业调研、收集资料及专家意见，明确原料药制造业废气处理推荐可行技术。

依据《火电厂除尘工程技术规范》（HJ 2039—2014）、《袋式除尘工程通用技术规范》（HJ 2020—2012）和《火电厂脱硫工程技术规范》等国家相关规范，给出了锅炉和焚烧炉烟气除尘、脱硫、脱硝、二噁英去除等烟气处理推荐可行技术。

标准（HJ 858.1—2017）按照原料药制造中配料、反应、分离、提取、精制、干燥、溶剂回收等各生产环节产生的工艺有机废气及发酵废气，针对 VOCs、特征污染物、臭气浓度等项目，对工艺有机废气、工艺酸碱废气、工艺含尘废气，针对酸碱特性、颗粒物等污染物，依据排放标准及限值要求，推荐了原料药制造业生产过程废气处理可行技术。

根据废水处理站及危险废物暂存产生的恶臭废气特点，结合调研的恶臭废气治理成熟技术，依据排放标准及限值要求推荐了恶臭废气推荐可行技术。

执行 GB 13271 的锅炉烟气和 GB 18484 危险废物焚烧炉烟气治理可行技术见表 4-8，生产过程废气治理可行技术参照表详见表 4-9。

表 4-8 烟气治理可行技术参照表

污染源	污染因子	推荐可行技术
执行 GB 13271 的锅炉	颗粒物	电除尘；袋式除尘；电袋除尘
	二氧化硫	湿法脱硫(石灰石/石灰-石膏、双碱法、氨法)；喷雾干燥法脱硫；循环流化床法脱硫
	氮氧化物	低氮燃烧技术(低氮燃烧器、空气分级燃烧、燃料分级燃烧)；选择性催化还原法(SCR)、选择性非催化还原法(SNCR)
	汞及其化合物[①]	高效除尘脱硫综合脱硫除尘效率为 70%
执行 GB 18484 的危险废物焚烧炉	烟尘	袋式除尘；电袋除尘
	二氧化硫	湿法脱硫(石灰石/石灰-石膏、双碱法、氨法)；喷雾干燥法脱硫；循环流化床法脱硫
	氮氧化物	低氮燃烧技术(低氮燃烧器、空气分级燃烧、燃料分级燃烧)；选择性催化还原法(SCR)、选择性非催化还原法(SNCR)
	二噁英	急冷；活性炭/焦吸附；烟道喷入活性炭/焦

① 仅适用于燃煤锅炉。

表 4-9 生产过程废气治理可行技术参照表

废气种类	适用情况	推荐可行技术
工艺含尘废气	特殊原料药(β-内酰胺类抗生素、避孕药、激素类药、抗肿瘤药)生产产生的颗粒物	多级过滤技术
	其他药品生产产生的颗粒物	袋式除尘技术 旋风除尘＋袋式除尘技术
工艺有机废气	VOCs 浓度＞2000mg/m³	冷凝回收＋吸附再生技术 燃烧处理技术
	1000mg/m³＜VOCs 浓度＜2000mg/m³	吸附＋冷凝回收技术 离子液体吸收＋回收技术 燃烧处理技术
	VOCs 浓度＜1000mg/m³	吸附浓缩＋燃烧处理技术 洗涤＋生物净化技术 氧化技术
发酵废气	抗生素类、维生素类、氨基酸类发酵废气	碱洗＋氧化＋水洗处理技术 吸附浓缩＋燃烧处理技术
工艺酸碱废气	酸性废气	水或碱吸收处理技术
	碱性废气	水或酸吸收处理技术
废水处理站废气、危废暂存废气	臭气浓度＞20000(无量纲)	化学吸收＋生物净化＋氧化＋水洗技术
	10000(无量纲)＜臭气浓度＜20000(无量纲)	化学吸收＋水洗技术＋生物净化 氧化技术
	臭气浓度＜10000(无量纲)	水洗＋生物净化技术 氧化技术
沼气	H_2S＞1000mg/m³	湿法化学或生物脱硫＋干法脱硫处理技术
	H_2S＜1000mg/m³	干法脱硫处理技术

4.7.1.2 废气处理运行管理要求

在推荐废气可行技术的基础上，编制组从源头控制、有组织排放和无组织排放等方面提出了运行管理要求。

（1）源头控制

排污单位应优化产品结构，采用先进的生产工艺和设备，提升污染防治水平；淘汰高耗能、高耗水、高污染、低效率的落后工艺和设备。尽量使用无毒、无害或低毒、低害的原辅材料，减少有毒、有害原辅材料的使用。积极推广清洁生产新技术，如采用酶法、新型结晶、生物转化等原料药生产新技术，构建新菌种或改造抗生素、维生素、氨基酸等产品的生产菌种，提高产率。

（2）有组织排放

标准（HJ 858.1—2017）对有组织排放废气环保设施提出了运行、操作、维护过程监管要求，主要包括：事故或设备维修期间，废水处理站废气、储存罐呼吸气收集、危废暂存废气、治理设备的运行方式；废气分类收集、分类处理或预处理原则；不允许设置旁路直接排放；提出了主要废气处理装置冷凝、吸附、洗涤、焚烧废气设施等的主要运行参数，明确含有机卤素成分VOCs的废气，宜采用非焚烧技术处理，要求所有治理设施的计量装置定期校验和比对。明确所有有组织废气需进入废气治理设施。环保设施应与其对应的生产工艺设备同步运转，保证在生产工艺设备运行波动情况下仍能正常运转，实现达标排放。

（3）无组织排放

制药行业污染物无组织排放不容忽视，考虑到现行工作基础和环境管理需要，标准（HJ 858.1—2017）按照GB 14554、GB 16297、GB 18484、HJ 792、《挥发性有机物无组织排放控制标准》（待公布）、《制药工业大气污染物排放标准》（待公布）和《制药工业污染防治技术政策》（公告2012年第18号）中的要求给出了无组织排放的运行管理要求。

对原辅材料储存、有机溶剂储存、管网阀门、敞口容器、物料分离、废水处理以及危险废物暂存处置、储罐、设备起停、检修与清洗等无组织排放节点排放的挥发性有机化合物提出管控措施要求。同时，建议下一步尽快对无组织控制环节的监测方法（包括点位、时间、限值等）进行研究，以满足排污许可管理需要。

对生产过程动静密封点（阀门、法兰、泵、罐口、接口等），提出采用泄漏检测与修复（LDAR）技术控制无组织排放。对含VOCs物料的输送和储存，含VOCs物料的投加、转移和卸放，含VOCs物料的反应、搅拌混合、分离精制、真空、包装等可能产生VOCs无组织排放的环节均应密闭并设置收集有效的配备有效的废气捕集装置（如局部密闭罩、整体密闭罩、大容积密闭罩等）、配套有效的管网送至净化系统，送至VOCs回收或净化系统进行处理。

4.7.2　废水

编制组调研了多家企业化学合成类、发酵类及提取类原料药制药排污单位废水治理设施及处理效果，结合《发酵类制药工业废水治理工程技术规范》（HJ 2044—2014）及专家的建议，明确废水污染物处理推荐可行技术和运行管理要求。

标准（HJ 858.1—2017）按照主生产过程排水中的高含盐废水、高氨氮废水、有生物毒性或难降解废水、高悬浮物废水、高动植物油废水等，以及辅助过程排水（循环冷却水排水、中水回用系统排水、水环真空泵排水、制水排水、蒸馏设备冷凝水、废气处理设施废水等）、生活污水、初期雨水等的水质特性，推荐了主生产过程排水预处理可行技术，综合废水（生产过程排水预处理后的废水、冲洗废水、水环真空设备排水、生活污水、废气处理设施废水、中水回用设施排水、初期雨水、消防废水、事故废水、循环冷却水排污水等）处理系统预处理单元、生化处理单元、深度处理单元的达标排放或回用处理可行技术，以及余热锅炉排污水、蒸馏（加热）设备冷凝水、制水排污水等达标排放或回用处理可行技术。

原料药制造废水污染物处理可行技术可参照表见表 4-10。

表 4-10 原料药制造废水污染物处理可行技术参照表

分类	废水类别		推荐可行技术
主生产过程排水预处理技术	高含盐废水		蒸发预处理后,冷凝液进入综合废水处理设施
	高氨氮废水		吹脱或汽提预处理后,进入综合废水处理设施
	有生物毒性或难降解废水		氧化或还原预处理后,进入综合废水处理设施
	高悬浮物废水		混凝沉淀/气浮预处理后,进入综合废水处理设施
	高动植物油废水		破乳化＋混凝气浮预处理后,进入综合废水处理设施
达标排放或回用处理技术	综合废水	生产过程排水预处理后的废水	收集输送至综合废水处理站。预处理单元:隔油、气浮、混凝、沉淀、调节、中和、氧化还原等。生化处理单元:厌氧(水解酸化)/好氧(活性污泥法、生物接触氧化法)、缺氧/好氧(A/O)、厌氧/缺氧/好氧工艺(A²/O)等。深度处理单元:混凝、过滤、高级氧化、膜生物法(MBR)、曝气生物滤池(BAF)。回用处理单元:过滤、沉淀、超滤(UF)、反渗透(RO)、脱盐、消毒。上述工艺串联组合处理后,回用或经总排口达标外排
		冲洗废水	
		水环真空设备排水	
		生活污水	
		废气处理设施废水	
		中水回用设施排水	
		初期雨水	
		消防废水	
		事故废水	
		循环冷却水排污水	
	余热锅炉排污水		装置内降温后,回用
	蒸馏(加热)设备冷凝水		
	制水排污水		中和后经总排口达标排放

4.8 自行监测管理要求

4.8.1 一般性原则

根据《控制污染物排放许可制实施方案》(国办发〔2016〕81号)、《排污许可证管理暂行规定》(环水体〔2016〕186号) 和《排污单位自行监测技术指南 总则》(HJ 819) 要求,排污企业应通过自行监测证明排污许可证许可限值落实情况。

标准 (HJ 858.1—2017) 根据相关废气污染源和废水污染源监测技术规范和方法,结合原料药制造企业的污染源管控重点,规定原料药制造企业自行监测要求,原料药制造企业在申请排污许可证时应当按照标准 (HJ 858.1—2017) 制定自行监测方案,对于新增污染源,周边环境影响监测点位、监测指标参照企业环境影响评价文件的要求执行,在排污许可证申请表中明确。《排污单位自行监测技术

指南 发酵类制药工业》《排污单位自行监测技术指南 化学合成类制药工业》和
《排污单位自行监测技术指南 提取类制药工业》发布后从其规定。

　　根据原料药制造业排污特点并依据《固定污染源烟气排放连续监测系统技术要
求及检测方法（试行）》（HJ/T 76）、《固定源废气监测技术规范》（HJ/T 397）、
《排污口规范化整治技术要求（试行）》（国家环保局环监〔1996〕470 号）和《地
表水和污水监测技术规范》（HJ/T 91）等文件，规定了原料药制造业排污单位自
行监测方案中应包括监测内容、监测点位、监测技术手段、监测频次、采样和测定
方法、信息记录和报告、监测质量保证与质量控制。

　　自行监测要求：企业可自行或委托第三方监测机构开展监测并安排专人专职对
监测数据进行记录、整理、统计和分析，同时对监测结果的真实性、准确性、完整
性负责。

　　自行监测内容：自行监测包括废气和废水的监测。原料药制造企业废气自行监
测的污染源包括有组织废气、无组织废气。

4.8.2　自行监测方案

4.8.2.1　废气监测

（1）有组织废气监测点位、指标及频次

　　有组织废气监测指标按照 GB 14554、GB 16297 和《制药工业大气污染物排放
标准（征求意见稿）》中规定，分 9 类排放口进行指标规定。具体排放口及对应监
测指标、监测频次如表 4-11 所列。

表 4-11　有组织废气监测点位、指标及频次

监测点位	监测指标[①]	监测频次[②]
发酵废气排气筒	颗粒物、挥发性有机物[③]	月
	臭气浓度	年
工艺有机废气排气筒	挥发性有机物[③]	月
	特征污染物[④]	年
废水处理站废气排气筒	挥发性有机物[③]	月
	臭气浓度、特征污染物	年
危险废物焚烧炉烟囱	烟尘、二氧化硫、氮氧化物	自动监测
	烟气黑度、一氧化碳、氯化氢、氟化氢、汞及其化合物、镉及其化合物、（砷、镍及其化合物）、铅及其化合物、（锑、铬、锡、铜、锰及其化合物）	半年
	二噁英类	年

续表

监测点位	监测指标①	监测频次②
锅炉烟囱	颗粒物、二氧化硫、氮氧化物	自动监测
	汞及其化合物⑤	季度
罐区废气排气筒	挥发性有机物③	季度
	特征污染物④	年
工艺酸碱废气排气筒	特征污染物④	年
工艺含尘废气排气筒	颗粒物	季度
危废暂存废气排气筒	挥发性有机物③	季度
	臭气浓度、特征污染物④	年

① 有组织废气监测要同步监测烟气参数。

② 设区的市级及以上环境保护主管部门明确要求安装自动监测设备的污染物项目，必须采取自动监测。

③ 本标准使用非甲烷总烃作为挥发性有机物排放的综合控制指标，待《制药工业大气污染物排放标准》发布后，从其规定。

④ 见 GB 16297、GB 14554 所列污染物，根据环境影响评价文件及其批复等相关环境管理规定，确定具体污染物项目，待《制药工业大气污染物排放标准》发布后，从其规定。地方排放标准中有要求的，从严规定。

⑤ 仅适用于燃煤锅炉。

（2）无组织废气排放监测

对于无组织排放，挥发性有机物、臭气浓度、硫化氢、氨、特征污染物 5 项为 GB 14554、GB 16297 和《制药工业大气污染物排放标准（征求意见稿）》中规定在企业厂界监测的污染物，VOCs 为《制药工业大气污染物排放标准（征求意见稿）》中规定在企业厂内监测的污染物。原料药制造企业无组织废气排放较重，厂内、厂界污染物每半年至少开展一次监测。

4.8.2.2 废水监测

（1）企业废水总排口监测频次

废水总排口的污染物种类包括流量、pH 值、化学需氧量、氨氮、悬浮物、色度、总氮、总磷、五日生化需氧量、总氰化物、挥发酚、总铜、硝基苯类、苯胺类、二氯甲烷、总锌、硫化物、总有机碳、急性毒性等。

标准（HJ 858.1）分为重点排污单位和非重点排污单位监测指标及监测频次，按照《排污单位自行监测指南总则》"5.3.3.2"中"对于重点排污单位主要监测指标的最低监测频次为日～月"的要求，针对重点企业自动监测的要求，对废水主要排放口根据废水去向，分别制定了直接排放、间接排放的监测频次。如表 4-12、表 4-13 所列。

表 4-12　废水总排放口监测指标及最低监测频次

监测点位	监测指标①		监测频次②	
			直接排放	间接排放
排污单位生产废水总排放口	发酵类	pH 值、化学需氧量、氨氮	自动监测	
		总磷	日（自动监测③）	月（自动监测③）
		总氮	日	月（日④）
		悬浮物、色度、总有机碳、五日生化需氧量、总氰化物、总锌、急性毒性（HgCl₂ 毒性当量）	月	季度
	化学合成类	pH 值、化学需氧量、氨氮	自动监测	
		总磷	月（自动监测③）	
		总氮	月（日④）	
		悬浮物、色度、五日生化需氧量、总有机碳、总氰化物、挥发酚、总铜、硝基苯类、苯胺类、二氯甲烷、总锌、急性毒性（HgCl₂ 毒性当量）	月	季度
		硫化物	季度	半年
	提取类	pH 值、化学需氧量、氨氮	自动监测	
		总磷	日（自动监测③）	月（自动监测③）
		总氮④	日	（日）
		悬浮物、色度、五日生化需氧量、动植物油、总有机碳、急性毒性（HgCl₂ 毒性当量）	月	季度
生活污水排放口	pH、化学需氧量、氨氮		自动监测	
	总磷		月（自动监测③）	
	总氮④		月（日④）	—
	悬浮物、五日生化需氧量、动植物油		月	—
雨水排放口	pH、化学需氧量、氨氮		日⑤	

① 监测污染物浓度时应同步监测流量。

② 设区的市级及以上环境保护主管部门明确要求安装自动监测设备的污染物项目，必须采取自动监测。

③ 水环境质量中总磷（活性磷酸盐）超标的流域或沿海地区，或总磷实施总量控制区域，总磷必须采取自动监测。

④ 水环境质量中总氮（无机氮）超标的流域或沿海地区，或总氮实施总量控制区域，总氮最低监测频次按日执行，待总氮自动监测技术规范发布后，应进行自动监测。

⑤ 排放期间按日监测。

表 4-13　车间或生产设施废水排放口监测指标及最低监测频次

监测点位	监测指标①	监测频次	
		直接排放	间接排放
车间或生产设施废水排放口②	总汞、总镉、六价铬、总砷、总铅、总镍	月	
	烷基汞	年	

① 监测污染物浓度时应同步监测流量。

② 应根据使用的原料，生产工艺过程，生产的产品、副产品，确定是否在车间或生产设施废水排放口进行该指标的监测。

（2）车间或生产设施废水排口监测频次

车间或生产设施排放口的监测指标包括流量、总汞、总镉、六价铬、总砷、总铅、总镍、烷基汞等。

具体监测频次见表 4-13。

4.9 环境管理台账记录及执行报告编制要求

4.9.1 一般要求

按照《控制污染物排放实施方案》和《排污许可证管理暂行规定》要求，原料药制造业排污单位应通过环境管理台账记录，编制执行报告证明排污单位持证排污情况。标准（HJ 858.1—2017）根据上述要求，并结合制药工业特点，给出了制药工业排污单位环境管理台账记录和执行报告填写的具体要求，制药工业排污单位应依照标准中要求，并参照技术规范资料性附录 E 制定符合排污单位的环境管理台账，并按照标准（HJ 858.1—2017）中执行报告要求的类型、频次、内容，并参照资料性附录 F 填写执行报告。

4.9.2 环保管理台账记录

环境管理台账记录的主要目的是规范排污单位环境管理，真实反映排污单位日常生产运营状况及污染治理情况，记录数据作为排污单位证明按照排污许可证要求进行环境管理和污染物排放的主要依据。记录的目的不仅为排污单位证明其守法提供依据，还为政府管理部门实施许可证核查、判断排污单位排污行为是否合法提供依据。

排污单位在申请排污许可证时，应按标准（HJ 858.1—2017）规定，在排污许可证申请表中明确环境管理台账记录要求。有核发权的地方环境保护主管部门补充制订相关技术规范中要求增加的，在标准（HJ 858.1—2017）基础上进行补充。排污单位还可根据自行监测管理的要求补充填报其他必要内容。建立环境管理台账制度，设置专职人员进行台账的记录和管理，并对台账记录结果的真实性、准确性、完整性负责。台账应当按照电子化储存和纸质储存两种形式同步管理。台账保存期限不得少于 3 年。

排污单位台账应真实记录生产设施运行管理信息、原辅料、燃料采购信息、污染治理设施运行管理信息、监测记录信息、其他环境管理信息。结合制药工业实际特点，标准（HJ 858.1—2017）较《环境管理台账及排污许可证执行报告技术规范》要求增加了原辅料信息、监测记录信息，其中原辅料区分为有机溶剂及其他原辅料，监测记录中添加了废气污染物排放情况结果记录信息、废水污染物排放情况结果记录信息。

4.9.3 执行报告的编制要求

原料药制造业排污单位应根据排污许可证中规定的频次、内容编制排污许可证执行报告。排污许可证执行报告按报告周期分为年度执行报告、半年执行报告、季度执行报告和月度执行报告。年度执行报告应包括排污单位基本情况、遵守法律法规情况、生产设施运行情况、污染治理设施运行情况、自行监测情况、台账管理情况、实际排放情况及合规判定分析、排污费（环境保护税）缴纳情况、信息公开情况、排污单位环境管理体系建设与运行情况、排污许可证规定的其他内容执行情况、其他需要说明的问题、结论等。

半年执行报告较年度执行报告有所简化，应选取能直接代表企业生产及污染情况的基本生产信息、污染治理设施运行信息、自行监测情况、台账管理情况、实际排放情况及合规判定分析进行填报；月度/季度执行报告进一步简化，选取污染物实际排放情况及合规判定分析及污染防治设施异常情况进行填报。

排污单位原则上应至少每自然年上报一次排污许可证年度执行报告，年报应于次年1月底前提交至排污许可证核发机关。对于持证时间不足3个月的，当年可不上报年度执行报告，许可证执行情况纳入下一年年度执行报告。地方环境管理部门按照环境管理要求，可要求企业上报半年报、月度/季度执行报告，并在排污许可证中明确。地方要求排污单位每半年上报一次排污许可证半年执行报告的，报告周期为当年1～6月，提交年度执行报告时可免报7～12月周期内的半年执行报告。对于持证时间不足3个月的，该报告周期内可不上报半年执行报告，排污许可证执行情况纳入年度执行报告。地方要求排污单位每月度/季度上报一次排污许可证月度/季度执行报告的，自当年1月起，每3个月上报一次季度执行报告，提交半年执行报告或年度执行报告时可免报紧邻季度的季度执行报告。对于持证时间不足1个月的，该报告周期内可不上报季度执行报告，排污许可证执行情况纳入下一季度执行报告。

4.10 合规判定方法

合规是指排污单位许可事项和环境管理要求符合排污许可证规定。排污单位可通过台账记录、按时上报执行报告和开展自行监测、信息公开，自证其依证排污，满足排污许可证要求。

许可事项合规是指排污单位排污口位置和数量、排放方式、排放去向、排放污染物种类、排放限值符合许可证规定。其中，排放限值合规是指排污单位污染物实际排放浓度和排放量满足许可排放限值要求，环境保护主管部门可依据排污单位环境管理台账、执行报告、自行监测记录中的内容，判断其污染物排放浓度和排放量是否满足许可排放限值要求，也可通过执法监测判断其污染物排放浓度是否满足许可排放限值要求。

环境管理要求合规是指原料药制造业排污单位按许可证规定落实自行监测、台账记录、执行报告、信息公开等环境管理要求。

4.10.1 产排污环节、污染治理设施及排放口符合许可证规定

排污单位实际的生产地点、主要生产单元、生产工艺、生产设施、污染治理设施的位置、编号是否与排污许可证及执行报告相符，实际情况与排污许可证或者执行报告上载明的规模、参数等信息基本相符。所有有组织排放口和各类废水排放口的个数、类别、排放方式和去向等与排污许可证载明信息一致。

4.10.2 排放限值合规判定

4.10.2.1 排放浓度合规判定

（1）废气排放浓度合规判定

1）正常情况　排污单位废气有组织排放口中，氨和硫化氢的排放速率达标是指"任一速率均值均满足许可限值要求"，臭气浓度一次均值达标是指"任一次测定值满足许可限值要求"，二噁英排放浓度合规是指"连续三次测定值的算数平均值满足许可排放浓度要求"。除上述情形外，其余废气有组织排放口污染物和无组织排放污染物排放浓度合规是指"任一小时浓度均值均满足许可排放浓度要求"。其中，废气污染物小时浓度均值根据执法监测和自行监测（包括自动监测和手工监测）进行确定。

① 执法监测。按照监测规范要求获取的执法监测数据超标的，即视为不合规。根据 GB 16157、HJ 55 确定监测要求。

若同一时段的执法监测数据与经过企业自行监测数据不一致，执法监测数据符合法定的监测标准和监测方法的，以该执法监测数据作为优先证据使用。

② 自行监测

Ⅰ. 自动监测。按照监测规范要求获取的有效自动监测数据计算得到的有效小时浓度均值与许可排放浓度限值进行对比，超过许可排放浓度限值的即视为超标；对于应当采用自动监测而未采用的排放口或污染因子即认为不合规。自动监测小时均值是指"整点 1 小时内不少于 45 分钟的有效数据的算术平均值"。

Ⅱ. 手工监测。对于未要求采用自动监测的排放口或污染因子，应进行手工监测，按照自行监测方案、监测规范要求获取的监测数据计算得到的有效小时浓度均值超标的，即视为超标。

2）非正常情况　排污单位非正常排放指燃煤蒸汽锅炉等设施启停机情况下的排放。

排污单位中，对于采用干（半干）法脱硫的燃煤锅炉，冷启动 1h、热启动 0.5h 不作为二氧化硫合规判定时段；对于采用脱硝措施的燃煤锅炉，冷启动 1h、热启动 0.5h 不作为氮氧化物合规判定时段。若多台设施采用混合方式排放烟气，且其中 1 台处于启停时段，排污单位可自行提供烟气混合前各台设施有效监测数据的，按照排污单位提供数据进行合规判定。

（2）废水排放浓度合规判定

排污单位各废水排放口污染物的排放浓度合规是指"任一有效日均值（除 pH 值、色度、急性毒性）均满足许可排放浓度要求"。各项污染物有效日均值根据自行监测（包括自动监测和手工监测）、执法监测的分类进行确定。pH 值、色度、急性毒性以一次有效数据超标即视为超标。

1）执法监测　按照监测规范要求获取的执法监测数据超标的，即视为超标。根据 HJ/T 91 确定监测要求。

若同一时段的执法监测数据与企业自行监测数据不一致，执法监测数据符合法定的监测标准和监测方法的，以该执法监测数据作为优先证据使用。

2）自行监测

① 自动监测。按照监测规范要求获取的自动监测数据计算得到有效日均浓度值（除 pH 值外）与许可排放浓度限值进行对比，超过许可排放浓度限值的，即视为超标；pH 值以一次有效数据超标即视为超标。对于应当采用自动监测而未采用的排放口或污染因子，即认为不合规。

对于自动监测，有效日均浓度是对应于以每日为一个监测周期内获得的某个污染物的多个有效监测数据的平均值。在同时监测废水排放流量的情况下，有效日均值是以流量为权的某个污染物的有效监测数据的加权平均值；在未监测废水排放流量的情况下，有效日均值是某个污染物的有效监测数据的算术平均值。

自动监测的有效日均浓度应根据 HJ/T 355 和 HJ/T 356 等相关文件确定。

② 手工监测。对于未要求采用自动监测的排放口或污染因子，应进行手工监测，按照自行监测方案、监测规范进行手工监测，当日各次监测数据（除色度、急性毒性外）平均值（或当日混合样监测数据）超标的，即视为超标。色度、急性毒性以一次有效数据超标即视为超标。

4.10.2.2　排放量合规判定

排污单位污染物排放量合规是指：a. 各类主要排放口污染物实际排放量满足其许可排放量要求；b. 对于特殊时段有许可排放量要求的，实际排放量不得超过特殊时段许可排放量。

同时满足以上 2 个条件即判定为合规。

对于排污单位燃煤锅炉启停机情况下的非正常排放，应通过加强正常运营时污染物排放管理、减少污染物排放量的方式，确保污染物实际年排放量满足许可排放量要求。

4.10.2.3　管理要求合规判定

环境保护主管部门依据排污许可证中的管理要求以及制药工业相关技术规范，审核环境管理台账记录和许可证执行报告；检查排污单位是否按照自行监测方案开展自行监测；是否按照排污许可证中环境管理台账记录要求记录相关内容，记录频次、形式等是否满足许可证要求；是否按照许可证中执行报告要求定期上报，上报内容是否符合要求等；是否按照许可证要求定期开展信息公开。

4.11　实际排放量核算方法

4.11.1　实际排放量核算方法选取原则

排污单位实际排放量的核算方法包括实测法、物料衡算法、产排污系数法等。

对于排污许可证中载明应当采用自动监测的排放口或污染因子，根据符合监测规范的有效自动监测数据采用实测法核算实际排放量。同时根据手工监测数据进行校核，若同一时段的手工监测数据与自动监测数据不一致，手工监测数据符合法定的监测标准和监测方法的，以手工监测数据为准。

对于排污许可证中载明应当采用自动监测的排放口或污染因子而未采用的，采用物料衡算法核算二氧化硫排放量，采用产排污系数法核算颗粒物、氮氧化物排放量，且均按直排进行核算；采用产排污系数法核算化学需氧量、氨氮排放量，且均按直排进行核算。其他采用手工监测的污染因子，按照执法监测或排污单位自行开展的手工监测数据进行核算。若同一时段的执法监测数据与排污单位自行开展的手工监测数据不一致，以执法监测数据为准。

对于排污许可证未要求采用自动监测的排放口或污染因子，按照优先顺序依次选取自动监测数据、执法和手工监测数据、产排污系数法（或物料衡算法）进行核算。在采用手工和执法监测数据进行核算时，还应以产排污系数法进行校核；若同一时段的手工监测数据与执法监测数据不一致，以执法监测数据为准。监测数据应符合国家环境监测相关标准技术规范要求。

排污单位如含有其他行业的，其他行业的废水、废气实际排放量按照其他行业核算办法核算。

4.11.2　废气

4.11.2.1　主要排放口

排污单位主要排放口废气污染物实际排放量的核算方法包括实测法、物料衡算法和产排污系数法等。

编制组参考已出台排污许可申请核发技术规范，分别采用实测法、物料衡算法和产排污系数法进行大气污染物实际排放量的计算。其中针对锅炉、焚烧炉排放的颗粒物、二氧化硫、氮氧化物采用在线监测数据核算实际排放量；若无在线监测数据，采用物料衡算法核算二氧化硫等排放量的，根据原辅燃料消耗量、含硫率进行核算；采用产排污系数法核算烟尘、氮氧化物等排放量的，根据单位燃料使用量进行污染物的产生量和排放量核算。工艺废气、发酵废气、污水处理厂废气的挥发性有机物及特征污染物采用手工监测法核算实际排放量。

（1）实测法

实测法是指根据监测数据测算实际排放量的方法，分为自动监测和手工监测。对于排污许可证中载明的要求采用自动监测的污染因子，应采用符合监测规范的有效自动监测数据核算污染物年排放量。对于未要求采用自动监测的污染因子，可采用自动监测数据或手工监测数据核算污染物年排放量。

1）自动监测 自动监测实测法是指根据符合监测规范的有效自动监测数据污染物的小时平均排放浓度、平均排气量、运行时间核算污染物年排放量，核算方法见式（4-9）。

$$E_j = \sum_{i=1}^{T} (C_{i,j} \times Q_i) \times 10^{-9} \tag{4-9}$$

式中　E_j——核算时段内主要排放口第 j 项污染物的实际排放量，t；

$C_{i,j}$——第 j 项污染物在第 i 小时标准状态下干烟气量对应的实测平均排放浓度，mg/m³；

Q_i——第 i 小时的标准状态下干排气量，m³/h；

T——核算时段内的污染物排放时间，h。

自动监控设施发生故障需要维修或更换，按要求在48h内恢复正常运行的，且在此期间按照《污染源自动监控设施运行管理办法》（环发〔2008〕6号）开展手工监测并报送手工监测数据的，根据手工监测结果核算该时段实际排放量。对于未按要求开展手工监测并报送数据的，或未能按要求及时恢复设施正常运行的，采用物料衡算法核算二氧化硫排放量，产排污系数法核算颗粒物、氮氧化物排放量，且均按直排进行核算。

对于因其他情况导致全年历史数据缺失时段、数据异常累计时段低于全年运行小时数的10%的，该时段污染物排放浓度、烟气量或流量按照全年稳定运行期间最高月均值取值，核算实际排放量。

对于其他情况导致全年历史数据缺失时段、数据异常累计时段超过全年运行小时数的10%～25%的，该时段污染物排放浓度、烟气量或流量按照全年稳定运行期间最高小时均值取值，核算实际排放量；超过25%的，自动监测数据不能作为核算实际排放量的依据，采用物料衡算法核算二氧化硫排放量，产排污系数法核算颗粒物、氮氧化物排放量，且均按直排进行核算。

排污单位提供充分证据证明在线数据缺失、数据异常等不是排污单位责任的，可按照排污单位提供的手工监测数据等核算实际排放量，或者按照上一个半年申报期间的稳定运行期间自动监测数据的小时浓度均值和半年平均流量，核算数据缺失时段的实际排放量。

2）手工监测　手工监测实测法是指根据每次手工监测时段内每小时污染物的平均排放浓度、平均排气量、运行时间核算污染物年排放量，核算方法见式（4-10）：

$$E_j = \sum_{j=1}^{n} (C_{i,j} \times Q_i \times T) \times 10^{-9} \tag{4-10}$$

式中　E_j——核算时段内主要排放口第 j 项污染物的实际排放量，t；

$C_{i,j}$——第 j 项污染物在第 i 监测频次时段标准状态下干烟气量对应的实测平均排放浓度，mg/m^3；

Q_i——第 i 次监测频次时段的实测标准状态下平均干排气量，m^3/h；

T——第 i 次监测频次时段内污染物排放时间，h；

n——核算时段内实际监测频次，但不得低于最低监测频次，次。

（2）物料衡算法和产排污系数法

采用物料衡算法核算二氧化硫等排放量的，根据原辅燃料消耗量、含硫率进行核算。

采用产排污系数法核算烟尘、氮氧化物等排放量的，根据单位燃料使用量及产排污系数进行污染物的产生量和排放量核算。

4.11.2.2　排污单位全厂挥发性有机物

排污单位全厂挥发性有机物的实际排放量核算方法参照黑箱模型计算。

物料衡算是在工艺流程确定后进行的。目的是根据原料与产品之间的定量转化关系，计算原料的消耗量，各种中间产品、产品和副产品的产量，生产过程中各阶段的消耗量以及组成。

物料衡算通式如式（4-11）所列：

$$\Sigma G_{投入} = \Sigma G_{产品} + \Sigma G_{回收} + \Sigma G_{流失} \tag{4-11}$$

式中　$\Sigma G_{投入}$——投入系统的物料总量；

$\Sigma G_{产品}$——系统产出的产品和副产品总量；

$\Sigma G_{流失}$——系统中流失的物料总量；

$\Sigma G_{回收}$——系统中回收的物料总量。

其中产品量应包括产品和副产品；流失量包括除产品、副产品及回收量以外各种形式的损失量，污染物排放量即包括在其中。

物料平衡计算包括总物料平衡计算、有毒有害物质物料平衡计算、有毒有害元素物料平衡计算及水平衡计算。进行有毒有害物质物料平衡计算时，当投入的物料在生产过程中发生化学反应时，可按下列总量法或定额工时进行衡算：

$$\Sigma G_{排放} = \Sigma G_{投入} - \Sigma G_{回收} - \Sigma G_{处理} - \Sigma G_{转化} - \Sigma G_{产品} \tag{4-12}$$

式中　$\sum G_{投入}$——投入物料中的某物质总量；

$\quad\quad$ $\sum G_{回收}$——进入回收产品中的某物质总量；

$\quad\quad$ $\sum G_{处理}$——经净化处理的某物质总量；

$\quad\quad$ $\sum G_{转化}$——生产过程中被分解、转化的某物质总量；

$\quad\quad$ $\sum G_{产品}$——进入产品结构中的某物质总量；

$\quad\quad$ $\sum G_{排放}$——某物质以污染物形式排放的总量。

采用物料平衡法计算大气污染物排放量时，必须对生产工艺、物理变化、化学反应及副反应和环境管理等情况进行全面了解，掌握原、辅助材料、燃料的成分和消耗定额、产品的产收率等基本技术数据。

原料药制造排污单位使用的挥发性有机溶剂经过若干单元、装置、设施，最终的可能去向有：未使用作为库存；随产品、副产品带走；作为商品外卖；损失量（经废气处理设施、废水处理设施、危险废物处理设施处理后变为其他物质，即破坏掉的溶剂量；经尾气排放口、外排污水等有组织排放，或者经动静密封点、储运过程等无组织排放等）。经回收处理设施对废挥发性有机溶剂进行回收后原料药制造排污单位自身再利用的，为溶剂在原料药制造排污单位的内部循环，不属于最终去向。

使用黑箱物料平衡法时，将原料药制造排污单位看作一个整体，一个大的黑箱。不必分析黑箱内的具体工艺过程和溶剂流向，而通过分析输入黑箱的挥发性有机溶剂使用量，及黑箱输出的已知去向的、可核算、可证明的挥发性有机溶剂量（包括库存、产品、副产品带走、外卖、处理设施处理破坏掉的量等），从而得到黑箱排放的挥发性有机溶剂量，如图4-1所示。对挥发性有机物的管控也可通过黑箱物料模型中的各输入输出源项进行减排分析和计划。

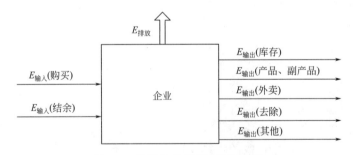

图4-1　黑箱物料平衡法原理示意

（1）核算公式

黑箱物料平衡法采用黑箱理论计算一个原料药制造排污单位或操作单元溶剂VOCs的大气排放量，核算公式见式（4-13）～式（4-15）。

$$E_{排放i} = \sum E_{输入i-j} - \sum E_{输出i-k} \tag{4-13}$$

$$\sum E_{输入i-j} = E_{输入i-采购} + E_{输入i-结余} + \cdots + E_{输入i-j} \tag{4-14}$$

$$\sum E_{输入i-k} = E_{输出i-库存} + E_{输出i-产品,副产品} + E_{输出i-外卖} + E_{输出i-废气处理} +$$

$$E_{输出i-废水处理} + E_{输出i-固废处理} + \cdots + E_{输出i-k} \tag{4-15}$$

式中　$E_{排放i}$——核算期内，企业排放的挥发性有机物 i（单物质）的量，kg；

　　　$E_{输入i-j}$——核算期内，以 j 种形式输入企业的挥发性有机溶剂 i（单物质）的量，kg；

　　　$E_{输出i-k}$——核算期内，以 k 种形式从企业输出的挥发性有机溶剂 i（单物质）的量，kg。

（2）公式要求

以各种形式输入、输出企业或操作单元的挥发性有机溶剂量均需提供相关有效证明材料方有效。部分输入、输出量的有效证明材料（核算依据）如下（包括但不限于以下内容）。

1）$E_{输入i-采购}$　核算期内，企业采购的挥发性有机溶剂 i（单物质）的量（kg），以溶剂 i 的购买发票及出库、入库量的日常记录等结算凭证为核算依据。

2）$E_{输入i-结余}$　核算期内，以结余的形式输入企业的挥发性有机溶剂 i（单物质）的量，以上个核算期结束时的库存量为核算依据。

3）$E_{输出i-库存}$　核算期内，企业未使用作为库存的挥发性有机溶剂 i（单物质）的量，以企业的相关日常记录为核算依据。

4）$E_{输出i-产品,副产品}$　核算期内，随产品、副产品带走的挥发性有机溶剂 i（单物质）的量，以产品、副产品检测报告及销售发票为核算依据。

5）$E_{输出i-废气处理}$　核算期内，经废气处理装置处理后转变为非挥发性有机物的溶剂 i（单物质）的量，其中：a. 以冷凝、吸收等回收设施回收的溶剂 i 量，作为企业内部循环使用时，不计入 $E_{输出i-废气处理}$；b. 以直接焚烧、催化燃烧、生物净化等废气处理设施处理的溶剂 i 量，以进出口废气中 i 物质的监测报告、进口废气量、实际燃烧效率及设施投用率等为核算依据；c. 以活性炭吸附等废气处理设施处理的溶剂 i 量，若企业设置后续的再生处理装置或对废活性炭委托处理，使溶剂 i 变为非挥发性有机物的，提供相关的证明材料，并以证明材料为核算依据。

6）$E_{输出i-废水处理}$　核算期内，经废水处理装置处理后转变为非挥发性物的溶剂 i（单物质）的量，仅指含溶剂 i 的废水在处理过程中降解转化为其他物质的量及处理装置出水中的溶剂 i 量，不包含挥发进入大气的溶剂 i 量，企业自行提供监测等资料作为核算依据。

加盖并设废气处理设施的废水收集和处理设施（不包括生化处理装置），废水集输、储存、处理处置过程 $E_{输出i-废水处理}$ 核算方法采用实测法，通过测定废水处理设施进、出口 VOCs 浓度、废水量、运行时间，废气的收集效率、废气处理设施进口 VOCs 浓度、处理气量、运行时间等计算，见式(4-16)。未加盖的废水收集和处理设施则按 $E_{输出i-废水处理}$ 为零计算。

$$E_{输出i\text{-}废水处理} = \sum_{j=1}^{k} Q_{w,j} \times (VOCs_{i,j,进水} - VOCs_{i,j,出水}) \times t_{j,总} \times 10^{-3} -$$

$$\sum_{j=1}^{k} Q_{j,g} \times VOCs_{i,j,进气} \times t_{j,g} / \eta_{j,收集} \times 10^{-6} \qquad (4\text{-}16)$$

式中 $Q_{w,j}$ ——废水收集、处理系统 j 工段的废水流量，m^3/h；

$VOCs_{i,j,进水}$ ——废水收集、处理系统 j 工段进水中的挥发性有机物 i 的浓度，mg/L；

$VOCs_{i,j,出水}$ ——废水收集、处理系统 j 工段出水中的挥发性有机物 i 的浓度，mg/L；

$t_{j,总}$ —— j 工段废水处理设施运行的小时数，h；

$Q_{j,g}$ —— j 工段废气处理设施进口废气处理流量，m^3/h；

$VOCs_{i,j,进气}$ —— j 工段对应的废气收集、处理系统进气中的挥发性有机物 i 的浓度，mg/m^3；

$t_{j,g}$ —— j 工段被废气处理设施收集处理的小时数，h；

k ——废水收集、处理系统工段个数；

$\eta_{j,收集}$ —— j 工段加盖收集进入废气处理设施挥发性有机物的收集效率，％；

7) $E_{输出i\text{-}固废处理}$ 核算期内，经固废处理装置处理后转变为非挥发性有机物的溶剂 i（单物质）的量，其中：a. 含溶剂 i 的废液、废活性炭等危险废物，委托有资质的单位处理，有资质单位采用焚烧等方式处理掉的量，或有资质单位对废液、废活性炭采用再生、回收处理方式并对回收的溶剂 i 进行外卖时，以委托合同、危废处理五连单、有资质单位处理方式证明材料、回收溶剂 i 外卖合同等为核算依据；b. 资质单位以其他处理方式（如填埋等）处理含溶剂 i 的固废时，委托处置的溶剂 i 的废液量不计作 $E_{输出i\text{-}固废处理}$ 的量。

4.11.2.3   非正常情况

燃煤蒸汽锅炉设施启停机等非正常排放期间污染物排放量可采用实测法核定。

4.11.3   废水

4.11.3.1   正常情况

废水实际排放量依据实测法确定，实测法是指根据监测数据测算实际排放量的方法，分为自动监测和手工监测。对于排污许可证中载明的要求采用自动监测的污染因子，应采用符合监测规范的有效自动监测数据核算污染物年排放量。对于未要求采用自动监测的污染因子，可采用自动监测数据或手工监测数据核算污染物年排放量。

（1）自动监测

根据自行监测要求，排污单位废水总排放口化学需氧量、氨氮、总磷、总氮应采用自动监测，因此应采取自动监测实测法核算全厂化学需氧量、氨氮、总磷、总氮的实际排放量。废水自动监测实测法是指根据符合监测规范的有效自动监测数据污染物的日平均排放浓度、日平均流量、运行时间核算污染物年排放量，核算方法见式(4-17)。

$$E_j = \sum_{i=1}^{T}(C_{i,j}Q_i) \times 10^{-6} \tag{4-17}$$

式中　E_j——核算时段内主要排放口第 j 项污染物的实际排放量，t；

$C_{i,j}$——第 j 项污染物在第 i 天的实测平均排放浓度，mg/L；

Q_i——第 i 天的流量，m^3/d；

T——核算时段内的污染物排放时间，d。

（2）手工监测

无有效自动监测数据或某些污染物无自动监测时，可采用手工监测数据进行核算。手工监测数据包括核算时间内的所有执法监测数据和企业自行或委托第三方的有效手工监测数据，企业自行或委托的手工监测频次、监测期间生产工况、数据有效性等必须符合相关规范、环评文件等要求。核算方法见式(4-18)。

$$E_j = \sum_{i=1}^{n}(C_{i,j}Q_iT) \times 10^{-6} \tag{4-18}$$

式中　E_j——核算时段内主要排放口第 j 项污染物的实际排放量，t；

$C_{i,j}$——第 i 监测频次时段内第 j 项污染物实测平均排放浓度，mg/L；

Q_i——第 i 监测频次时段内采样当日的平均流量，m^3/d；

T——第 i 监测频次时段内污染物排放时间，d；

n——实际监测频次，次，不得低于最低监测频次。

4.11.3.2　特殊情况

① 对于在自动监测数据由于某种原因出现中断或其他情况，可根据 HJ/T 356 予以补遗修约，仍无法核算出全年排放量时，可采用手工监测数据核算。

② 要求采用自动监测的排放口或污染因子而未采用的，采用产排污系数法核算化学需氧量、氨氮排放量，且均按直排进行核算。

采用产污系数法核算化学需氧量、氨氮、总磷实际排放量的，根据产品产量、产污系数进行核算，见式(4-19)。产污系数参照《工业源产排污系数手册》（2010修订）中册 2710 化学药品原药制造行业、2750 兽用药品制造行业，待二污普数据出台后，从其规定。

$$G = P\beta_e \times 10^{-6} \tag{4-19}$$

式中　G——污染物排放量，t；

P——产品产量，t；

β_e——产污系数。

排污许可证核发审核要点

5.1 材料的完整性审核

1）应具备排污许可证申请表、承诺书、申请前信息公开情况说明表、排污许可证副本、附图、附件等材料。其中，附图应包括生产工艺流程图和平面布置图；附件应包括许可排放量核算全部详细计算过程。

2）不予核发的情形

① 国家或地方政府明确规定予以淘汰或取缔的；

② 位于饮用水水源保护区等法律明确禁止建设区域；

③ 既没有环评手续，也没有地方政府对违规项目的认定或备案文件。

5.2 材料的规范性审核

5.2.1 申请前信息公开

① 公开时间：应不少于5个工作日。

② 信息公开表内容：应符合《排污许可证管理暂定规定》要求。

③ 信息公开情况说明表：使用平台下载的样本，应完整填写表格内容，尤其注意公开的起止时间、公开方式、公开内容是否填写完整，申请前信息公开期间收到的意见应进行逐条答复，有意见未答复的应要求企业补充相关内容。如无反馈意见则填写"无反馈意见"。

④ 署名应为法定代表人，注意法人代表签字是否为本人且应与排污许可证申请表、承诺书等保持一致。有法人代表的一定要填写法定代表人，对于无法定代表人的单位，如个体工商户、私营企业者等，可以由实际负责人签字。此外对于集团公司下属不具备法定代表人资格的独立分公司，也可由实际负责人签字。

⑤ 排污许可证申领信息公开情况说明表样表（可在国家排污许可信息公开系统下载），试行表如图 5-1 所示。

排污许可证申领信息公开情况说明表（试行）

企业基本信息			
1. 单位名称		2. 通讯地址	
3. 生产区所在地	省　　市　　县	4. 联系人	
5. 联系电话		6. 传真	
信息公开情况说明			
信息公开起止时间			
信息公开方式	（电视、广播、报刊、公共网站、行政服务大厅或服务窗口等）		
信息公开内容	是否公开下列信息 □排污单位基本信息 □拟申请的许可事项 □产排污环节 □污染防治设施 □其他信息＿＿＿＿＿＿＿＿＿ 未公开内容的原因说明：		
反馈意见处理情况			

单位名称（加盖公章）：

法定代表人（签字）：

日期：

图 5-1　排污许可证申领信息公开情况说明表（试行）样表

5.2.2　承诺书

① 应符合《排污许可证管理暂定规定》要求。必须按照平台下载的样本填写，不得删减。

② 注意法人代表签字是否为本人，不具备法人资格的，可以由实际负责人签字。

③ 承诺书样本（可在国家排污许可信息公开系统下载），承诺书样本如图 5-2 所示。

承诺书(样本)

××环境保护厅(局):

我单位已了解《排污许可证管理暂行规定》及其他相关文件规定,知晓本单位的责任、权力和义务。我单位对所提交排污许可证申请材料的完整性、真实性和合法性承担法律责任。我单位将严格按照排污许可证的规定排放污染物、规范运行管理、运行维护污染防治设施、开展自行监测、进行台账记录并按时提交执行报告、及时公开信息。我单位一旦发现排放行为与排污许可证规定不符,将立即采取措施改正并报告环境保护主管部门。我单位将配合环境保护主管部门监管和社会公众监督,如有违法违规行为,将积极配合调查,并依法接受处罚。

特此承诺。

单位名称: (盖章)

法定代表人(实际负责人): (签字)

年 月 日

图 5-2 承诺书样本

5.2.3 排污许可证申请表

5.2.3.1 封面

排污许可证申请表封面如图 5-3 所示。

5.2.3.2 表 1:排污单位基本信息表

审核部门审核内容如下。

① 应核实企业是否有污染物总量分配计划文件,对于有文件的,必须完整填写总量指标因子及数值,环保部门应核查企业填写是否正确。

② 核实企业是否按实际情况如实填写全部项目的环评文号(备案编号),包括分期建设项目,技改扩建项目等。并且应注意企业所填写文号中的年份,是否在为

排污许可证申请表 (试行)

(首次申请)

单位名称：

注册地址：

行业类别：化学药品原料药制造

生产经营场所地址：

组织机构代码：

统一社会信用代码：

法定代表人

技术负责人

固定电话：

移动电话：

申请日期：年 月 日

图 5-3　排污许可证申请表（试行）封面

2015 年及之后的年份，如是则在后续确定许可浓度及总量时需考虑环评文件及其批复。

③ "行业类别" 一项企业应选择 "化学药品原料药制造" 或 "兽用药品制造"。

④ 投产时间是指产生实际排污行为的时间，并非取得环保手续的时间。用于判断是否属于新增污染源，涉及许可排放量的取严原则。

⑤ 有污染物总量控制指标的，必须完整填写总量指标因子及数值，环保部门

应核查企业填写是否正确，涉及许可排放量的准确性。

⑥ 根据企业实际情况如实填写全部项目的环评、验收文号，包括分期建设项目，技改扩建项目等。

⑦ 取得地方发放的目前有效排污许可证的需上传附件。

⑧ 有统一社会信用代码的排污单位填写统一社会信用代码，无需填写组织机构代码；无统一社会信用代码的排污单位需填写组织机构代码。

⑨ 填写重点区域的，应结合环保部相关公告，核实是否执行特别排放限值；通过企业投产时间，核实该企业是否为现有源；原则上，企业应具备环评批复或认定备案文件，如两者全无，应核实企业具体情况。

5.2.3.3 表2：主要产品及产能信息表

审核部门审核内容如下。

① 应核查企业各生产单元是否填写齐全。制药工业排污单位需填写主要生产单元名称、主要工艺名称、生产设施名称、生产设施编号、设施参数、产品名称、生产能力、计量单位、设计年生产时间等信息。

② 应核实企业所填写主要工艺、生产设施是否有漏项，例如青霉素钾生产线包括配料、发酵、酶促反应、化学反应、分离、提取、精制、干燥、成品、溶剂回收等生产工艺；干燥工艺包括双锥干燥机等设施。应对照《规范》表1核实企业所填报的生产设施是否遗漏。

③ 产品名称应与主要生产单元相对应，不可重复填写；年运行时间、填写设计值；生产能力、近三年实际产量的计量单位均为 t/a。

④ 研发中心填入公用单元，中试生产线填入生产线单元。研发中心或小品种原料药，生产设施只填固定资产类，不填低值易耗品。

5.2.3.4 表3：主要原辅材料及燃料信息表

审核部门审核内容如下。

① 辅料应按技术规范填写完整，包括生产过程、处理废气、废水过程中添加的化学品。采用自定义方式填报的，要明确具体物料名称，不能只写"其他"。

② 核实企业"原料及辅料"是否填写除"其他信息"外的所有信息；核实企业"燃料"是否填写名称、硫分、热值、年最大使用量，在此基础上还应核实固体燃料是否还填写了灰分、挥发分。含硫率、热值、灰分等（不能填0）。

③ 绝大多数原料及辅料无需在有毒有害成分处填写硫元素。

④ 工艺流程图与总平面布置图要清晰可见、图例明确，且不存在上下左右颠倒的情况；工艺流程图应包括主要生产设施（设备）、主要原燃料的流向、生产工艺流程等内容；平面布置图应包括主要工序、厂房、设备位置关系，尤其应注明厂区雨水、污水收集和运输走向等内容。

5.2.3.5　表4：废气产排污节点、污染物及污染治理设施信息表

审核部门审核内容如下。

①应对照《规范》中附录B，核实企业所填写产污环节是否与规范一致，避免出现漏填产污环节的情况。

②有组织排放均需至少填写除"其他信息"外的全部信息，治理设施为袋式除尘器的应在"污染治理设施其他信息"中填写滤料种类；无组织排放均需至少填写除"有组织排放口编号""排放口设置是否符合要求""排放口类型"和"其他信息"外的全部信息。

③应对照《规范》中"6 污染防治可行技术要求"检查企业所采用的污染治理技术是否为可行技术。

④"排放口编号"按现有环保主管部门编号，若无相关编号应核实是否按照《固定污染源（水、大气）编码规则（试行）》中的排放口编码规则进行编写并填入。

⑤根据《固定污染源（水、大气）编码规则（试行）》，排放口编码应按照顺序进行编码，便于直接反映出排放口总数，无组织排放无需编码。

⑥污染物种类应填写完整，例如发酵废气、工艺有机废气、废水处理站废气、危险废物焚烧炉烟囱等排气口所有主要排放口污染物种类均应包括VOCs；厂界无组织排放有集中式污水处理厂（设施）的排污单位，污染物种类包括挥发性有机物、臭气浓度、硫化氢、氨；环保部门有管理要求的，还应增加特征污染物；有危险废物焚烧炉烟囱的部分企业可能会漏填"二噁英类"。

⑦排放口类型填报是否正确，每一个烟囱需要注册一个排放口，进行编码。

5.2.3.6　表5：废水类别、污染物及污染治理设施信息表

审核部门审核内容如下。

①依据表3核实废水类别填报的完整性，生产过程排水（提取废水、发酵废水、合成废水、设备冲洗水、其他）、辅助过程排水（循环冷却水排水、中水回用系统排水、水环真空泵排水、制水排水、蒸馏设备冷凝水、废气处理设施废水、其他）、生活污水、初期雨水等，对于其他废水类别，应根据实际情况进行核实，避免出现漏填的情况。

②排放去向为"不外排"及"其他（包括回喷、回填、回灌、回用等）"的废水类别应至少填写除"排放口编号"、"排放口设置是否符合要求"、"排放口类型"以及"其他信息"外的全部信息；其他排放去向的废水类别，应填写除"其他信息"外的全部信息。

③应对照《规范》中"6 污染防治可行技术要求"检查企业所采用的污染治理技术是否为可行技术。

④ "排放口编号"按现有环保主管部门编号,若无相关编号应核实是否按照《固定污染源(水、大气)编码规则(试行)》中的排放口编码规则进行编写并填入。

⑤ 根据《固定污染源(水、大气)编码规则(试行)》,排放口编码应按照顺序进行编码,便于直接反映出排放口总数,"不外排"及"其他(包括回喷、回填、回灌、回用等)"的废水类别无需对排放口进行编码。

⑥ 排放口类型填报是否正确,制药工业废水排放口均为主要排放口。

5.2.3.7 表6:大气排放口基本情况表

审核部门审核内容如下。

① 排放口编号和污染物种类自动生成,其他需要手动填写。

② 核实企业是否填写完成除"其他信息"外的全部信息。

③ 注意核查单位及数值是否存在低级错误。

5.2.3.8 表7:废气污染物排放执行标准表

审核部门审核内容如下。

① 排放口编号、污染物种类、执行标准名称、浓度限值需要填报完整。

② 排口污染物种类是否齐全,执行的排放标准、浓度限值是否正确。

③ 对于2015年1月1日(含)后取得环评批复的企业,应在"环境影响评价批复要求"中填报环评及批复的浓度限值,申请许可排放浓度不得大于环评及批复中排放浓度。

④ 企业若填报"承诺更加严格排放限值",需要告知企业慎重填报。

5.2.3.9 表8:大气污染物有组织排放表——主要排放口

审核部门审核内容如下。

① 主要排放口中颗粒物、二氧化硫、氮氧化物、挥发性有机物的申请年许可排放量为必填项。所有污染物种类的申请许可排放浓度限值均为必填项。

② 申请年许可排放量首次许可时限为三年,然后每五年一许可。

③ "申请特殊排放浓度限值"与"申请特殊时段许可排放量限值"现阶段暂时填写"/"。

④ 对环评批复在2015年之后的企业,应将环评及其批复中要求的浓度限值与标准浓度限值进行取严,环保部门应核实"申请许可排放浓度限值"一栏,确保不出现该栏数值大于环评及其批复中要求的限值的现象。

⑤ 废气排放口分为主要排放口和一般排放口。主要排放口包括发酵废气排放口、工艺有机废气排放口、废水处理站废气排放口、危险废物焚烧炉烟囱、锅炉烟囱。除主要排放口之外的罐区废气排放口、工艺含尘废气排放口、工艺酸碱废气排放口、危废暂存废气排放口等均为一般排放口。一般排放口不许可排放量,管理部

门需提出管控要求。一般排放口挥发性有机物、特征污染物、颗粒物等污染物种类的申请许可排放浓度限值均为必填项。一般排放口"申请特殊排放浓度限值"与"申请特殊时段许可排放量限值"现阶段暂时填写"/"。

⑥ "全厂有组织排放总计"处颗粒物、二氧化硫、氮氧化物、挥发性有机物的前三年"申请许可排放量限值"为必填项。

⑦ 许可排放量计算过程应详细、准确，计算方法及参数选取符合规范要求。计算过程可在表8中填写，也可以单独上传，计算过程详见6.4.8.3。

⑧ 新增排放源按新增排放源原则取值：总量控制指标＋标准（HJ 858.1—2017中的控制指标）的核算方法＋环评文件要求从严确定许可排放量。

⑨ 现有排放源按有排放源原则取值：总量控制指标＋标准（HJ 858.1—2017中的控制指标）的核算方法＋（地方要求是否考虑环评文件要求）从严确定许可排放量。

5.2.3.10　表9：大气污染物无组织排放表

审核部门审核内容如下。

① 审核产污环节、污染物种类、主要污染防治措施、执行标准及限值、年排放量限值填报是否准确、完整。

② "申请特殊时段排放量限值"现阶段暂时填写"/"。

5.2.3.11　表10：企业大气排放总许可量

表10为自动生成，无需进行审核填报。

5.2.3.12　表11：废水直接排放口基本情况表

审核部门审核内容如下。

① 对于总排口，审核排放口编号、排放口地理坐标、排放去向、排放规律、受纳自然水体信息、汇入受纳自然水体处地理坐标等信息是否填报完整。

② 对于车间或生产设施排口，审核排放口编号、排放口地理坐标、排放去向、排放规律是否填报完整，以掌握车间或生产设施排口信息。

③ 审核总排口受纳水体的名称、水体功能目标填报是否正确。

5.2.3.13　表12：废水间接排放口基本情况表

审核部门审核内容如下。

① 审核总排口的排放口编号、排放口地理坐标、排放去向、排放规律，受纳污水处理厂名称、污染物种类及排放限值等是否填报完整。火电和造纸排污许可申报时，部分企业漏填受纳污水处理厂污染物种类及排放限值。

② 审核外排集中污水处理厂的总排口的受纳污水处理厂名称、污染物种类及

排放限值填报是否正确。

5.2.3.14 表 13：废水污染物排放执行标准表

审核部门审核内容如下。

① 核实排放口编号、污染物种类、执行标准名称、浓度限值是否填报完整。

② 审核总排口、排放一类污染物的车间排口污染物种类是否齐全，执行的排放标准、浓度限值是否正确。

③ 对于 2015 年 1 月 1 日（含）后取得环评批复的企业，申请许可排放浓度不得大于环评及批复中排放浓度。

5.2.3.15 表 14：废水污染物排放

审核部门审核内容如下。

① 核实污染物种类、排放浓度限值、年排放量限值填报是否完整。

② 总排放口化学需氧量、氨氮申请前 3 年的排放量。

③ 位于总磷、总氮总量控制区域内的，总排口的总磷及总氮需要申请年许可排放量。

④ 地方要求总磷、总氮的，需要申请许可排放量。

⑤ "申请特殊时段排放量限值"现阶段暂时填写"/"。

⑥ 审核是否上传详细计算说明。

⑦ 许可排放量计算过程应详细、准确，计算方法及参数选取符合规范要求。计算过程可在表 8 中填写，也可以单独上传，计算过程详见 6.4.8.3。

⑧ 新增排放源按照增排放源原则取值：总量控制指标＋标准（HJ 858.1—2017 中的控制指标）的核算方法＋环评文件要求从严确定许可排放量。

⑨ 现有排放源按有排放源原则取值：总量控制指标＋标准（HJ 858.1—2017 中的控制指标）的核算方法＋（地方要求是否考虑环评文件要求）从严确定许可排放量。

⑩ 单独排入城镇集中污水处理设施的生活污水无需申报许可排放量。

5.2.3.16 表 15：自行监测及记录信息表——废水

审核部门审核内容如下。

① 采用自动监测的需填报所有信息；采用手工监测的可不填报自动监测相关信息，其他均需填报。

② 总排口和排放一类污染物车间排口的污染物名称、监测设施、手工监测频次是否符合规范中自行监测管理要求。

③ 审核污染物名称、监测设施、手工监测频次是否符合规范中自行监测管理要求。

④ 审核燃烧类废气是否监测氧含量、烟气流速、烟气温度，烟气含湿量；非燃烧类烟气是否监测烟气流速、烟气温度、烟气含湿量。

5.2.3.17　表 16：环境管理台账信息表

审核部门审核内容如下。

① 记录内容是否包含"原辅料、燃料采购信息""生产设施运行管理信息""特殊时段管理要求、执行情况""污染治理设施运行管理信息""监测记录信息"和"非正常工况及污染治理设施异常情况记录信息"。

② 是否填报记录频次、记录形式。

③ "原辅料、燃料采购信息"记录频次填报是否正确，即"固态燃料及罐装燃料"与"液态燃料"按批次，"气态燃料"按月记录。

④ "生产设施运行管理信息"记录频次填报是否正确，即按班次记录。

⑤ "特殊时段管理要求、执行情况"记录频次填报是否正确，即特殊时段停产的排污单位或生产工序，该期间应每天进行 1 次记录。

⑥ "污染治理设施运行管理信息"记录频次填报是否正确，即主要排放口连续记录、一般排放口按班次、无组织按班次、废水按班次。

⑦ "监测记录信息"记录频次填报是否正确，即按自行监测要求记录，分为有组织废气、无组织废气、废水、自动监测运维记录等。

⑧ 重点核查"非正常工况及污染治理设施异常情况记录信息"记录频次填报是否正确，即每工况期记录 1 次。

⑨ 记录形式应填报纸质台账或电子台账。

5.2.4　许可限值确定

5.2.4.1　一般原则

（1）许可排放限值

许可排放限值包括污染物许可排放浓度和许可排放量。

年许可排放量是指允许排污单位连续 12 个月排放的污染物最大排放量。

许可排放量包括年许可排放量和特殊时段许可排放量。

地方环境保护主管部门可根据需要将年许可排放量按月进行细化。

（2）污染物许可限值确定思路

1）大气污染物　以排放口为单位确定主要排放口和一般排放口许可排放浓度，以厂界监控点确定无组织许可排放浓度。主要排放口按发酵废气、工艺有机废气、废水处理站废气、危险废物焚烧炉烟气、锅炉烟气分别确定其许可排放量。

2）水污染物　车间或生产设施排放第一类污染物的废水排放口许可排放浓度，废水总排放口许可排放浓度和排放量。

（3）许可排放限值确定原则

按照国家或地方污染物排放标准等法律法规和管理制度要求，按照从严原则确定许可排放浓度，依据总量控制指标及标准（HJ 858.1—2017 中的污染物排放控制指标）规定的方法从严确定许可排放量。

对于新增排放源，依据污染物排放标准、环境影响评价文件及批复要求从严确定许可排放浓度；依据环境影响评价文件及批复要求、总量控制指标及标准（HJ 858.1—2017）推荐的方法从严确定许可排放量。

对于现有排放源，依据污染物排放标准确定许可排放浓度；依据总量控制指标及标准（HJ 858.1—2017）推荐的方法从严确定许可排放量。有核发权的地方环境保护主管部门，根据环境质量改善需求，可综合考虑环境影响评价文件及其批复，从严确定许可排放浓度和许可排放量。

应在《排污许可证申请表》中写明申请的许可排放限值计算过程。

申请的许可排放限值严于标准（HJ 858.1—2017）规定的，排污许可证按照申请的许可排放限值核发。

5.2.4.2　许可排放浓度

（1）废气

① 依据以下标准确定许可排放浓度，有地方排放标准要求的按照地方排放标准确定：《恶臭污染物排放标准》（GB 14554）；《大气污染物综合排放标准》（GB 16297）；《危险废物焚烧污染控制标准》（GB 18484）；《锅炉大气污染物排放标准》（GB 13271）。

② 大气污染防治重点控制区按规定执行特排限值。其他执行大气污染物特别排放限值的地域范围、时间，由国务院环境保护行政主管部门或省级人民政府规定。

③ 若执行不同许可排放浓度的多台生产设施或排放口采用混合方式排放废气，且选择的监控位置只能监测混合废气中的大气污染物浓度，则应执行各限值要求中最严格的许可排放浓度。

（2）废水

① 依据 GB 21903、GB 21904、GB 21905 排放标准确定。

②《关于太湖流域执行国家排放标准水污染物特别排放限值时间的公告》（环境保护部公告 2008 年第 28 号）与《关于太湖流域执行国家排放标准水污染物特别排放限值区域的公告》（环境保护部公告 2008 年第 30 号）中所涉及行政区域的水污染物特别排放限值按其要求执行。

③ 有地方排放标准要求的，按照地方排放标准确定。

④ 排污单位向园区污水处理厂或城镇污水处理厂的排水系统排放废水时，其污染物的排放控制要求由排污单位与园区处理厂根据其污水处理能力商定相关标准，或满足 GB/T 31962 要求，并报当地环境保护主管部门备案。

⑤ 若排污单位生产设施同时生产两种以上产品、可适用不同排放控制要求或不同行业国家污染物排放标准，且生产设施产生的污水混合处理排放的情况下，应执行排放标准中规定的最严格的浓度限值。

5.2.4.3 许可排放量

（1）废气

1）许可排放因子 颗粒物、二氧化硫、氮氧化物、挥发性有机物。

2）许可排放量分类 年许可排放量、特殊时段的日许可排放量。

3）二氧化硫、氮氧化物、颗粒物的许可排放量以锅炉烟气、危险废物焚烧炉烟气分别进行许可。

挥发性有机物的许可排放量以发酵废气、废水处理站废气、工艺有机废气分别进行许可。

4）二氧化硫、氮氧化物、颗粒物的年许可排放量（锅炉烟气和危险废物焚烧烟气）如下。

① 锅炉烟气。执行 GB 13271 的锅炉废气污染物许可排放量依据许可排放浓度限值、基准排气量和燃料用量核定。

燃煤或燃油锅炉废气污染物许可排放量计算公式如下：

$$D = RQC \times 10^{-6} \tag{5-1}$$

燃气锅炉废气污染物许可排放量计算公式如下：

$$D = RQC \times 10^{-9} \tag{5-2}$$

式中 D——废气污染物许可排放量，t/a；

R——设计燃料用量，t/a 或 m³/a；

C——废气污染物许可排放浓度限值，mg/m³；

Q——每千克煤基准排气量（标），m³/kg。

锅炉废气基准烟气量的值如表 5-1 所列。

表 5-1 锅炉废气基准烟气量取值表

锅炉	热值/(MJ/kg)	基准烟气量
燃煤锅炉(标)/[m³/kg(燃煤)]	12.5	6.2
	21	9.9
	25	11.6
燃油锅炉(标)/[m³/kg(燃油)]	38	12.2
	40	12.8
	43	13.8
燃气锅炉(标)/(m³/m³)	—	12.3

注：1. 燃用其他热值燃料的，可按照《动力工程师手册》进行计算。

2. 燃用生物质燃料蒸汽锅炉的基准排气量参考燃煤蒸汽锅炉确定，或参考近 3 年排污单位实测的烟气量，或近 1 年连续在线监测的烟气量。

② 危险废物焚烧烟气污染物许可排放量依据许可排放浓度限值、排气量和年设计操作时数核定。

危险废物焚烧烟气污染物许可排放量计算公式如下：

$$D = hQC \times 10^{-9} \tag{5-3}$$

式中　D——废气污染物年许可排放量，t/a；

　　　h——设计年生产时间，h/a；

　　　Q——排气量（标），m³/h，排放源的排气量以近 3 年实际排气量的均值进行核算，未满 3 年的以实际生产周期的实际排气量的均值进行核算，同时不得超过设计排气量；

　　　C——废气污染物许可排放浓度限值，mg/m³。

5）挥发性有机物许可排放量（发酵废气、废水处理站废气、工艺有机废气）

排污单位发酵废气、废水处理站废气、工艺有机废气等主要排放口中污染物的年许可排放量，应同时满足基于许可排放浓度（速率）和单位产品排放基准绩效两种方法核定的许可排放量。

① 基于许可排放浓度（速率）的年许可排放量。各主要排放口挥发性有机化合物年许可排放量依据许可排放浓度限值、排气量和年设计操作时数核定，按公式（5-4）计算。

$$E_i = hQ_iC_i \times 10^{-9} \tag{5-4}$$

式中　E_i——第 i 个排放口废气污染物年许可排放量，t/a；

　　　h——设计年生产时间，h/a；

　　　Q_i——第 i 个排放口排气量（标），m³/h，排放源的排气量以近 3 年实际排气量的均值进行核算，未满 3 年的以实际生产周期的实际排气量均值进行核算，同时不得超过设计排气量；

　　　C_i——第 i 个排放口挥发性有机物许可排放浓度限值（标），mg/m³。

② 基于单位产品排放基准绩效的年许可排放量。各主要排放口挥发性有机物年许可排放量之和，应满足按公式（5-5）计算的许可排放量。

$$E = Sa \times 10^{-3} \tag{5-5}$$

式中　E——挥发性有机物年许可排放量，t/a；

　　　S——排污单位近 3 年实际产量平均值，未投运或投运不满 1 年的按产能计算，投运满 1 年但未满 3 年的取周期年实际产量平均值，当实际产量平均值超过产能时按产能计算，t/a；

　　　a——VOCs 排放基准绩效限值（按表 5-2 取值），待《制药工业大气污染物排放标准》颁布后从其规定。

表 5-2　主要原料药（中间体）VOCs 排放基准绩效限值

单位：kgVOCs/t（产品）

适用区域	维生素 C 类	维生素 E 类	青霉素类	咖啡因	头孢类
一般地区	30	100	600	400	25
重点区域	20	70	400	300	18

6）特殊时段许可排放量核算方法　排污单位应按照国家或所在地区人民政府制定的重污染天气应急预案等文件，根据停产、限产等要求，确定特殊时段许可日排放量。排污单位特殊时段许可排放量采用下列公式计算：

$$E_{日许可} = E_{前一年环统日均排放量} \times (1 - \alpha) \tag{5-6}$$

式中　　$E_{日许可}$——排污单位重污染天气应对期间日许可排放量，t；

$E_{前一年环统日均排放量}$——排污单位前一年环境统计实际排放量折算的日均值，t；

α——重污染天气应对期间日产量或排放量减少比例，%。

（2）废水

1）许可排放因子　化学需氧量、氨氮。

2）其他要求　对于位于《"十三五"生态环境保护规划》及环境保护部正式发布的文件中规定的总磷和总氮总量控制的区域内的排污单位，还应申请总磷、总氮年许可排放量。

3）废水许可排放量计算

① 排污单位生产单一产品：废水中污染物年许可排放量计算公式如下：

$$D = SQC \times 10^{-6} \tag{5-7}$$

式中　　D——某种水污染物年许可排放量，t/a；

S——排污单位近3年实际产量年均值，投运不满3年的取实际周期的年均值，但不得超过环评批复的产能，t/a；

Q——单位质量产品基准排水量，（具体见附录D），附录D未包括的则根据排污单位近3年实际排水量平均值确定，如投运不满3年的则根据实际周期的年均值确定，地方排放标准中有要求的从其规定，m³/t；

C——水污染物许可排放浓度限值，mg/L。

② 排污单位同时生产两种或两种以上产品：废水中污染物年许可排放量计算公式如下：

$$D = C \times \sum_{i}^{n} (Q_i S_i) \times 10^{-6} \tag{5-8}$$

式中　　D——某种水污染物年许可排放量，t/a；

C——水污染物许可排放浓度限值，mg/L；

Q_i——单位质量i产品工业废水基准排水量（具体见附录D），附录D未包括的根据排污单位近3年实际排水量平均值核算单位质产品排水量，如投运不满3年的则根据实际周期的平均值核算单位质量产品排水量，地方排放标准中有要求的从其规定，m³/t；

S_i——i产品近3年实际产量年均值，投运不满3年的取实际周期的年均值，t/a；

n——同时生产的产品种数。

5.3 环境管理要求

5.3.1 执行报告

(1) 年报基本框架

① 基本生产信息；

② 遵守法律法规情况；

③ 污染防治设施运行情况；

④ 自行监测情况；

⑤ 台账管理情况；

⑥ 实际排放情况及合规判定分析；

⑦ 排污费（环境保护税）缴纳情况；

⑧ 信息公开情况；

⑨ 排污单位内部环境管理体系建设与运行情况；

⑩ 其他排污许可证规定的内容执行情况；

⑪ 其他需要说明的问题；

⑫ 结论；

⑬ 附图、附件要求。

(2) 半年、月/季度执行报告基本框架

① 半年报应至少包括年报中第 1、第 3、第 4、第 5、第 6 项（5 项）。

② 月度/季度报告应至少包括年度执行报告第 6 部分中主要污染物的实际排放情况、合规判定分析说明及第 3 部分中污染防治设施异常情况等。

(3) 上报频次

① 年度执行报告。至少每年上报一次排污许可证年度执行报告，于次年 1 月底前提交至排污许可证核发机关。对于持证时间不足 3 个月的，当年可不上报年度执行报告，排污许可证执行情况纳入下一年年度执行报告。

② 半年执行报告。每半年上报一次排污许可证半年执行报告，上半年执行报告周期为当年 1～6 月，于每年 7 月底前提交至排污许可证核发机关，提交年度执行报告时可免报下半年执行报告。对于持证时间不足 3 个月的，该报告周期内可不上报半年执行报告，纳入下一次半年/年度执行报告。

③ 月度/季度执行报告。每月度/季度上报一次排污许可证月度/季度执行报告，于下一周期首月 15 日前提交至排污许可证核发机关，提交季度执行报告、半年执行报告或年度执行报告时，可免报当月月度执行报告。对于持证时间不足 10 天的，该报告周期内可不上报月度执行报告，排污许可证执行情况纳入下一月度执

行报告。对于持证时间不足 1 个月的，该报告周期内可不上报季度执行报告，排污许可证执行情况纳入下一季度执行报告。

5.3.2 信息公开

应按照《企业事业单位环境信息公开办法》及《排污许可证管理暂行规定》等现行文件的管理要求，填报信息公开方式、时间、内容等信息。

5.3.3 其他管理要求

① 环保部门可将对企业现行废气、废水管理要求，以及法律法规、技术规范中明确的污染防治措施运行维护管理要求写入"其他控制及管理要求"中。

② 地方法规有对噪声、固废、环境风险等方面有管理要求的，可纳入"其他许可内容"部分中。

6

典型案例分析

6.1 排污单位概况

华北制药某有限责任公司是华北制药股份有限公司的子公司，1996 年 3 月 12 日开始建设，1998 年 4 月 8 日正式投产，属于 C27 医药制造业，主要从事半合成抗生素及其系列产品的生产经营和研发，产品包括青霉素钾、7-ADCA 中间体（7-氨基-3-去乙酰氧基头孢烷酸）、头孢氨苄、头孢拉定。该公司现有职工 800 多人，生产车间工作制度为四班三运转。

2000 年 5 月该生产企业被确定为国家 863 计划 CIMS 项目示范工程，2001 年 10 月通过了国家 GMP 认证，2003 年工厂通过了 ISO 14001 环境管理体系认证，经过多年的体系运行，工厂环保管理水平得到不断提升。目前，该企业严格按照环保要求建立了相关的环境管理制度，严格遵循了环境影响评价制度和"三同时"制度。

6.2 主要生产工艺流程

（1）青霉素原料生产工艺流程

青霉素原料生产工艺流程及排污点如图 6-1 所示。

（2）7-ADCA 生产工艺流程

7-ADCA 生产工艺流程及排污节点如图 6-2 所示。

（3）头孢拉定生产工艺流程

头孢拉定生产工艺流程及排污节点如图 6-3 所示。

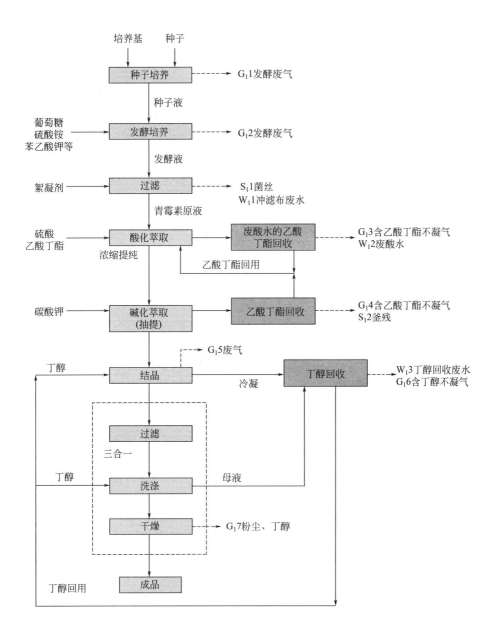

图 6-1 青霉素原料生产工艺流程及排污节点

G_1—工艺废气及编号；W_1—工艺废水及编号；S_1—工艺废渣及编号

（4）头孢氨苄生产工艺流程

头孢氨苄生产工艺流程及排污节点如图 6-4 所示。

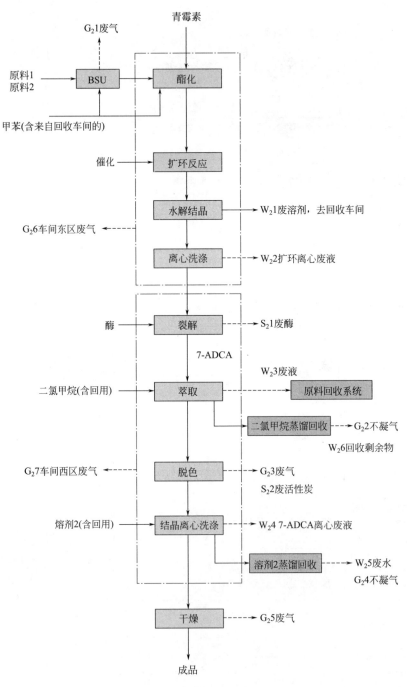

图 6-2　7-ADCA 生产工艺流程及排污节点

G_2—工艺废气及编号；W_2—工艺废水及编号；S_2—工艺废渣及编号

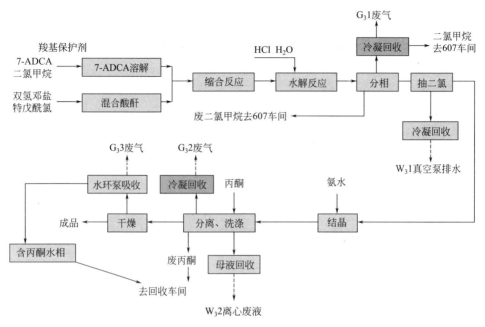

图 6-3　头孢拉定生产工艺流程及排污节点

G_3—工艺废气及编号；W_3—工艺废水及编号；S_3—工艺废渣及编号

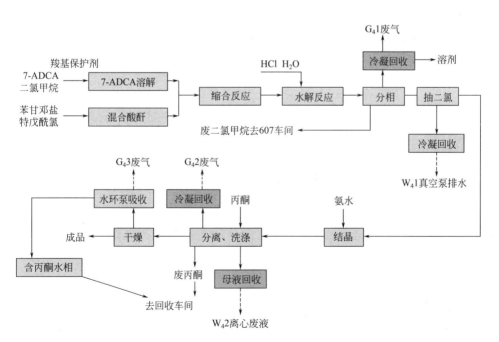

图 6-4　头孢氨苄生产工艺流程及排污节点

G_4—工艺废气及编号；W_4—工艺废水及编号；S_4—工艺废渣及编号

6.3 排污许可证申请组织和材料准备

6.3.1 排污单位基本情况

公司经营许可证；全部项目环评报告书及其批复文件；项目竣工环保验收批文（选填）；地方政府对违规项目的认定或备案文件（若有）；主要污染物总量分配计划文件。

6.3.2 主要产品及产能

各生产设施设计文件；项目环评报告书、产能确定文件、《固定污染源（水、大气）编码规则》（也可以使用内部编号）；各环保设备、主机设备的说明书等。

6.3.3 主要原辅材料及燃料

设计文件；生产统计报表；生产工艺流程图；生产厂区总平面布置图；原辅燃料购买合同。

6.3.4 产排污节点、污染物及污染治理设施

GB 16297、GB 18484、GB 14554、GB 13271、GB 21903、GB 21904、GB 21905、GB/T 31962 等国家及地方排放标准；环评文件、设计文件、《固定污染源（水、大气）编码规则》（也可以使用内部编号）、有组织排放口编号（优先使用环保部门已核定的编号）、环保管理台账、技术规范。

6.3.5 大气污染物排放信息——排放口

环保管理台账、排气筒经纬度统计表（若有统计）；GB 16297、GB 18484、GB 14554、GB 13271 等国家及地方排放标准；环评文件。

6.3.6 大气污染物排放信息——有组织排放信息

GB 16297、GB 18484、GB 14554、GB 13271 等国家及地方排放标准；环评文件、总量控制指标文件；申请年排放量限值计算过程。

6.3.7 大气污染物排放信息——无组织排放信息

GB 16297、GB 18484、GB 14554、GB 13271 等国家及地方排放标准现场无组织源管控的措施梳理统计表。

6.3.8 大气污染物排放信息——企业大气排放总许可量

"/"，企业无需填写，系统自动带入。

6.3.9 水污染物排放信息——排放口

GB 21903、GB 21904、GB 21905、GB/T 31962 等国家或地方污染物排放标准；排放口信息、受纳自然水体、污水处理厂信息以及污水处理的排放限值（排入污水处理的）。

6.3.10 水污染物排放信息——申请排放信息

GB 21903、GB 21904、GB 21905、GB/T 31962 等国家或地方污染物排放标准。

6.3.11 环境管理要求——自行监测要求

自行监测方案、监测相关技术规范、监测指南。

6.3.12 环境管理要求——环境管理台账记录要求

行业技术规范、环保管理台账。

6.3.13 地方环保部门依法增加的内容

"/"，企业无需填写。

6.3.14 相关附件

排污许可证（见图 6-5）；守法承诺书（法人签字）（见图 6-6）；排污许可证信息公开情况说明表（见图 6-7）；符合建设项目环境影响评价程序的相关文件或证明材料；通过排污权交易获取排污权指标的证明材料；城镇污水集中处理设施应提供纳污范围、管网布置、排放去向等材料；地方规定排污许可证申请表文件（如有）。

图 6-5　排污许可证模式

承 诺 书

河北省环境保护厅(局):

　　我单位已了解《排污许可证管理暂行规定》及其他相关文件规定，知晓本单位的责任、权利和义务。我单位对所提交排污许可证申请材料的完整性、真实性和合法性承担法律责任。我单位将严格按照排污许可证的规定排放污染物、规范运行管理、运行维护污染防治设施、开展自行监测、进行台账记录并按时提交执行报告、及时公开信息。我单位一旦发现排放行为与排污许可证规定不符，将立即采取措施改正并报告环境保护主管部门。我单位将配合环境保护主管部门监管和社会公众监督，如有违法违规行为，将积极配合调查，并依法接受处罚。

　　特此承诺。

　　　　单位名称：

　　法定代表人　(手写签字)

　　　　　　　　　　　年　　月　　日

图 6-6　承诺书模式

排污许可证申领信息公开情况说明表（试行）

企业基本信息			
1.单位名称		2.通讯地址	
3.生产区所在地		4.联系人	
5.联系电话		6.传真	
信息公开情况说明			
信息公开起止时间	2017-8-23至		
信息公开方式	(电视、广播、报刊、公共网站、行政服务大厅或服务窗口等)		
信息公开内容	是否公开下列信息 √□排污单位基本信息 √□拟申请的许可事项 √□产排污环节 √□污染防治设施 □其他信息 未公开内容的原因说明：		
反馈意见处理情况			

单位名称：

法定代表人： 手写签字

日期：信息公开结束后的日期

图 6-7　排污许可证申领信息公开情况说明表（试行）模式

6.4 排污许可证平台填报及注意事项

原料药企业排污许可证申请需填写表名称如表 6-1 所列。

表 6-1　原料药企业排污许可证申请需填写的 16 张表

序号	名　称	填写人员
1	表 1 排污单位基本信息表	企业
2	表 2 主要产品及产能信息表	企业
3	表 3 主要原辅材料及燃料信息表	企业
4	表 4 废气产排污节点、污染物及污染治理设施信息表	企业
5	表 5 废水类别、污染物及污染治理设施信息表	企业
6	表 6 大气排放口基本情况表	企业
7	表 7 废气污染物排放执行标准表	企业
8	表 8 大气污染物有组织排放表	企业
9	表 9 大气污染物无组织排放表	企业
10	表 10 企业大气排放总许可量	企业
11	表 11 废水直接排放口基本情况表	企业
12	表 12 废水间接排放口基本情况表	企业
13	表 13 废水污染物排放执行标准表	企业
14	表 14 废水污染物排放	企业
15	表 15 自行监测及记录信息表	企业
16	表 16 环境管理台账信息表	企业

6.4.1 排污单位基本信息表

排污单位基本信息如表 6-2 所列。

表 6-2　排污单位基本信息表

单位名称		注册地址	
生产经营场所地址		邮政编码①	
行业类别		是否投产②	
投产日期③			
生产经营场所中心经度④		生产经营场所中心纬度⑤	
组织机构代码		统一社会信用代码	
技术负责人		联系电话	
所在地是否属于重点控制区域⑥	是		
是否有环评批复文件⑦	是	环境影响评价批复文号（备案编号）	
是否有竣工环保验收批复文件⑧	是	"三同时"验收批复文件文号	
是否有地方政府对违规项目的认定或备案文件⑨	否	认定或备案文件文号	
是否有主要污染物总量分配计划文件⑩	是	总量分配计划文件文号	

续表

化学需氧量总量控制指标/(t/a)	108.9	
氨氮（NH₃-N）总量控制指标/(t/a)	9.075	

① 指生产经营场所地址所在地邮政编码。

② 2015 年 1 月 1 日起，正在建设过程中，或已建成但尚未投产的，选"否"；已经建成投产并产生排污行为的，选"是"。

③ 指已投运的排污单位正式投产运行的时间，对于分期投运的排污单位，以先期投运时间为准。

④、⑤ 指生产经营场所中心经纬度坐标，可手工填写经纬度，也可通过排污许可证管理信息平台中的GIS 系统点选后自动生成经纬度。

⑥ "重点区域"指《重点区域大气污染防治"十二五"规划》中提及的京津冀、长江三角洲、珠江三角洲地区，以及辽宁中部、山东、武汉及其周边、长株潭、成渝、海峡西岸、山西中北部、陕西关中、甘宁、新疆乌鲁木齐城市群等区域。

⑦ 列出环评批复文件文号或备案编号。

⑧ 对于有"三同时"验收批复文件的排污单位，必须列出批复文件文号。

⑨ 对于按照《国务院办公厅关于印发加强环境监管执法的通知》（国办发〔2014〕56 号）要求，经地方政府依法处理、整顿规范并符合要求的项目，必须列出证明符合要求的相关文件名和文号。

⑩ 对于有主要污染物总量控制指标计划的排污单位，必须列出相关文件文号（或其他能够证明排污单位污染物排放总量控制指标的文件和法律文书），并列出上一年主要污染物总量指标；对于总量指标中同时包括钢铁行业和自备电厂的排污单位，应进行说明，如"二氧化硫总量指标（t/a）"处填写内容为"1000，包括自备电厂"。

6.4.2 主要产品及产能信息表

该公司申报的青霉素钾生产线主要产品及产能信息如表 6-3 所列。

表 6-3 主要产品及产能信息表

| 序号 | 主要生产单元名称 | 主要工艺名称① | 生产设施名称② | 生产设施编号 | 设施参数③ | | | | 其他设施信息 | 产品名称④ | 生产能力⑤ | 计量单位⑥ | 近三年实际产量/(t/a) | 设计年生产时间/h⑦ | 其他产品信息 | 其他工艺信息 |
					参数名称	设计值	计量单位	其他设施参数信息								
1	青霉素钾生产线	配料	配料罐	MF0509	容积	20	m³			青霉素钾	3000	t	2750	7920		
			储罐	MF0601	容积	20	m³									
			…	…	…	…	…									
2	青霉素钾生产线	发酵	补料罐	MF0401	容积	25	m³									
			发酵罐	MF0301	容积	57	m³									
			…	…	…	…	…									

续表

序号	主要生产单元名称	主要工艺名称①	生产设施名称②	生产设施编号	设施参数③				其他设施信息	产品名称④	生产能力⑤	计量单位⑥	近三年实际产量/(t/a)	设计年生产时间/h⑦	其他产品信息	其他工艺信息
					参数名称	设计值	计量单位	其他设施参数信息								
3		...	...	...	...	...										
4	公用单元	发酵废气处理	转轮吸附装置	TA0007	浓缩倍数	5	倍									
5	...	...	...	...	...											

① 指主要生产单元所采用的工艺名称。
② 指某生产单元中主要生产设施（设备）名称。
③ 指设施（设备）的设计规格参数，包括参数名称、设计值、计量单位。
④ 指相应工艺中主要产品名称。
⑤、⑥ 指相应工艺中主要产品设计产能。
⑦ 指设计年生产时间。

6.4.3　主要原辅料、溶剂及燃料信息表

主要原辅材料及燃料信息如表 6-4 所列。

表 6-4　主要原辅材料及燃料信息表

序号	主要生产单元	种类①	名称②	年最大使用量	计量单位③	原辅料纯度/%	有毒有害物质	有毒有害成分及占比④	其他信息
原料及辅料（不含溶剂）									
1	青霉素钾生产线	辅料	氨水	2700	t	100			
		原料	液糖	22700	t				
		原料	玉米浆	2000	t				
2	...	...	...	...	...				

序号	名称	设计年使用量	计量单位	实际年使用量	计量单位	纯度/%	其他信息
有机溶剂							
1	乙酸丁酯	1300	t	200	t	99	
2	二氯甲烷	435	t	360	t	99	
3	丙酮	100	t	100	t	98	
	...	...	...	...	...	...	

序号	燃料名称	灰分/%	硫分/%	挥发分/%	热值/(MJ/kg，MJ/m³)	年最大使用量/(10⁴t/a、10⁴m³/a)	其他信息
燃料							
	...	...	...	...	...	...	

① 指材料种类，选填"原料"或"辅料"。
② 指原料、辅料名称。
③ 指 10^4 t/a、10^4 m³/a 等。
④ 指有毒有害物质或元素，及其在原料或辅料中的成分占比，如氟元素（0.1%）。

6.4.4 废气产排污节点、污染物及污染治理设施信息表

废气产排污节点、污染物及污染治理设施信息如表6-5所列。

表6-5 废气产排污节点、污染物及污染治理设施信息表

| 序号 | 生产设施编号 | 生产设施名称① | 对应产污环节名称② | 污染物种类③ | 排放形式④ | 污染治理设施 | | | | | 有组织排放口编号⑥ | 排放口设置是否符合要求⑦ | 排放口类型 | 其他信息 |
						污染治理设施编号	污染治理设施名称⑤	污染治理设施工艺	是否为可行技术	污染治理设施其他信息				
1	MF0301	发酵罐	发酵罐尾气	挥发性有机物,臭气浓度,颗粒物	有组织	TA101	发酵废气治理设施	吸附浓缩,燃烧处理技术	是	VOCs浓度<1000mg/m³	DA001	是	主要排放口	
2	...	...	...	...	...	...	...	...	...	...	...	...	...	...
3	MF1201	复盐离心机	离心机废气	挥发性有机物,丙酮	有组织	TA201	工艺有机废气治理设施	水洗	否	VOCs浓度<1000mg/m³	DA006	是	主要排放口	
4	...	...	...	...	...	...	...	...	...	...	...	...	...	...

① 指主要生产设施。

② 指生产设施对应的主要产污环节名称。

③ 指产生的主要污染物类型,以相应排放标准中确定的污染因子为准。

④ 指有组织排放或无组织排放。

⑤ 污染治理设施名称,对于有组织废气,以火电行业为例,污染治理设施名称包括三电场静电除尘器、四电场静电除尘器、普通袋式除尘器、覆膜滤料袋式除尘器等。

⑥ 申请阶段排放编号由排污单位自行制。

⑦ 指排放口设置是否符合排污口规范化整治技术要求等相关文件的规定。

6.4.5 废水类别、污染物及污染治理设施信息表

废水类别、污染物及污染治理设施信息如表6-6所列。

表 6-6 废水类别、污染物及污染治理设施信息表

| 序号 | 废水类别① | 污染物种类② | 排放去向③ | 排放规律④ | 污染治理设施 | | | | | 排放口编号⑥ | 排放口设置是否符合要求⑦ | 排放口类型 | 其他信息 |
					污染治理设施编号	污染治理设施名称⑤	污染治理设施工艺	是否为可行技术	污染治理设施其他信息				
1	主生产过程排水-提取废水,主生产过程排水-发酵废水,循环冷却水排水,水环真空泵排水,制水排水,生活污水,初期雨水	化学需氧量,氨氮(NH₃-N),总氮(以N计),总磷(以P计),急性毒性,总有机碳,五日生化需氧量,色度,悬浮物,总氰化物,总锌,pH值,动植物油	工业废水集中处理厂	连续排放,流量不稳定且无规律,但不属于冲击型排放	TW001	综合废水处理设施	主生产过程排水预处理,调节,反渗透,A/O,厌氧颗粒污泥膨胀床(EGSB),膜生物法(MBR),氧化	是	—	DW001	是	主要排放口	DW001出水排向华药工业废水集中处理厂,执行协议标准
2	循环冷却水排水,蒸馏设备冷凝水	化学需氧量,氨氮(NH₃-N),总氮(以N计),总磷(以P计),悬浮物,pH值,五日生化需氧量	进入城市污水处理厂	连续排放,流量不稳定,但有规律,且不属于周期性规律	—	无	—	否	—	DW003	是	主要排放口	DW003出水排向石家庄经济技术开发区污水处理厂,执行协议标准
3	...	...	...	...	...	...	...	...	...	...	...	...	...

① 指产生废水的工艺、工序,或废水类型的名称。

② 指产生的主要污染物类型,以相应排放标准中确定的污染因子为准。

③ 包括不外排;排至厂内综合污水处理站;直接进入海域;直接进入江河、湖、库等水环境;进入城市下水道(再入江河、湖、库);进入城市下水道(再入沿海海域);进入城市污水处理厂;直接进入污灌农田;进入地渗或蒸发地;进入其他单位;工业废水集中处理设施;其他(包括回馈、回填、回灌、回用等)。对于工艺、工序产生的废水,"不外排"指全部在工序内循环使用,"排至厂内综合污水处理站"指工序废水经处理后排至综合处理站。对于综合污水处理站,"不外排"指全厂废水经处理后全部回用不排放。

④ 包括连续排放,流量稳定;连续排放,流量不稳定,但有周期性规律;连续排放,流量不稳定,但有规律,且不属于周期性规律;连续排放,流量不稳定,属于冲击型排放;连续排放,流量不稳定且无规律,但不属于冲击型排放;间断排放,排放期间流量稳定;间断排放,排放期间流量不稳定,但有周期性规律;间断排放,排放期间流量不稳定,但有规律,且不属于非周期性规律;间断排放,排放期间流量不稳定,属于冲击型排放;间断排放,排放期间流量不稳定且无规律,但不属于冲击型排放。

⑤ 指主要污水处理设施名称,如"综合污水处理站""生活污水处理系统"等。

⑥ 排放口编号中按地方环境管理部门现有编号进行填写或由排污单位根据国家相关规范进行编制。

⑦ 指排放口设置是否符合排污口规范化整治技术要求等相关文件的规定。

6.4.6 大气排放口基本情况表

大气排放口基本情况如表 6-7 所列。

表 6-7 大气排放口基本情况表

序号	排放口编号	污染物种类	排放口地理坐标①		排气筒高度/m	排气筒出口内径/m②	其他信息
			经度	纬度			
1	DA001	挥发性有机物,臭气浓度,颗粒物,氨(氨气)	114°40′8.05″	38°2′36.77″	25	1.2	
2	DA002	挥发性有机物,乙酸丁酯	114°40′5.68″	38°2′31.48″	25	0.4	
3	DA003	甲苯,挥发性有机物	114°40′20.65″	38°2′28.92″	25	0.4	
4	…	…	…	…	…	…	

① 指排气筒所在地经纬度坐标,可手工填写经纬度,也可通过排污许可证管理信息平台中的 GIS 系统点选后自动生成经纬度。

② 对于不规则形状排气筒,填写等效内径。

6.4.7 大气污染物排放执行标准表

废气污染物排放执行标准如表 6-8 所列。

表 6-8 废气污染物排放执行标准表

序号	排放口编号	污染物种类	国家或地方污染物排放标准①			环境影响评价批复要求②	承诺更加严格排放限值③	其他信息
			名称	浓度限值(标)/(mg/m³)	速率限值/(kg/h)			
1	DA001	挥发性有机物	工业企业挥发性有机物排放控制标准(DB 13/2322—2016)	60	—	—	—	
2	DA001	臭气浓度	青霉素类制药挥发性有机物排放标准(DB 13/2208—2015)	3000	—	—	—	无量纲
3	DA001	颗粒物	大气污染物综合排放标准(GB 16297—1996)	150	27	—	—	
4	DA001	氨(氨气)	恶臭污染物排放标准(GB 14554—93)	—	14	—	—	
5	DA002	乙酸丁酯	青霉素类制药挥发性有机物排放标准(DB 13/2208—2015)	200	2.5	—	—	
6	…	…	…	…	…	…	…	

① 如火电厂超低排放限值。

② 指地方政府制定的环境质量限期达标规划、重污染天气应对措施中对排污单位有更加严格的排放控制要求。

③ "全厂有组织排放总计"指的是主要排放口与一般排放口之和数据。

6.4.8　大气污染物有组织排放表

大气污染物有组织排放如表 6-9 所列。

表 6-9　废气污染物排放执行标准表

序号	排放口编号	污染物种类	申请许可排放浓度限值(标)/(mg/m³)	申请许可排放速率限值/(kg/h)	申请年许可排放量限值/(t/a)					申请特殊排放浓度限值(标)/(mg/m³)(1)	申请特殊时段许可排放量限值(2)
					第1年	第2年	第3年	第4年	第5年		
1	DA001	挥发性有机物	60	—	63.07	63.07	63.07	—	—	—	—
2	DA001	臭气浓度	3000	—	—	—	—	—	—	—	—
3	DA001	颗粒物	150	27	—	—	—	—	—	—	—
4	DA001	氨(氨气)	—	14	—	—	—	—	—	—	—
5	DA002	乙酸丁酯	200	2.5	—	—	—	—	—	—	—
6	…	…	…	…	…	…	…				
主要排放口合计		颗粒物			—	—	—	—	—	—	—
		SO₂			—	—	—	—	—	—	—
		NOₓ			—	—	—	—	—	—	—
		VOCs			77.47	77.47	77.47	—	—	—	—
一般排放口											
一般排放口合计		颗粒物			—	—	—	—	—	—	—
		SO₂			—	—	—	—	—	—	—
		NOₓ			—	—	—	—	—	—	—
		VOCs			—	—	—	—	—	—	—
全厂有组织排放总计(3)											
全厂有组织排放总计		颗粒物			—	—	—	—	—	—	—
		SO₂			—	—	—	—	—	—	—
		NOₓ			—	—	—	—	—	—	—
		VOCs			77.47	77.47	77.47	—	—	—	—

全厂挥发性有机物计算过程如下。

6.4.8.1　已有排污许可证许可量

××厂获得石家庄市行政审批局颁发的排污许可证(证书编号：PWD-130182- -)，有效期为 2017 年 7 月 10 日—2017 年 10 月 1 日，排污许可量为：COD 108.9t/a；氨氮 9.075t/a。

6.4.8.2　废气已有环评批复总量

____(公司名称)____公司____(文号)____环评批复中没有明确废气的总量要求。

6.4.8.3 按照技术规范计算排放量

（1）年运行时间确定

根据环评批复产品产能，企业各品种生产线年生产时间为330天，废气治理设施运行365天。

（2）废气排放量的确定

废气排放量的确定如表6-10～表6-12所列。

表6-10　基于许可排放浓度（速率）的年许可排放量

生产线名称	排放量/(t/a)	排放口名称	排放口年许可排放量(E_i)/(t/a)	设计年生产时间/(h/a)	排放口排气量(Q_i)	许可排放浓度限值	备注
青霉素钾	74.109	DA001	63.072	8760	120000	60	根据《工业企业挥发性有机物排放控制标准》(DB 13/2322—2016)对挥发性有机物值为60mg/mL
		DA002	3.1536	8760	6000	60	
		DA004	7.884	8760	15000	60	
7-ADCA	2.1024	DA003	2.1024	8760	4000	60	
头孢（头孢拉定、头孢氨苄）	1.2614	DA005	0.6307	8760	1200	60	
		DA006	0.6307	8760	1200	60	
工厂累计排放量			77.4734				
计算公式			$E_i = hQ_iC_i \times 10^{-9}$				

表6-11　基于许可排放浓度（速率）的年许可排放量

生产线名称	排放量/(t/a)	排放口名称	挥发性有机物年许可排放量(E)/(t/a)	排污单位近三年实际产量平均值S	VOCs排放基准绩效值，按表6-7取值	备注
青霉素钾	1650	DA001	1650	2750	600	表6-7 主要原料药（中间体）VOCs排放基准绩效限值，一般地区：青霉素类600kgVOCs/t(产品)，头孢类25kgVOCs/t(产品)
		DA002				
		DA004				
7-ADCA	—	DA003	—	—	—	
头孢	28.5	DA005	28.5	1140	25	
		DA006				
工厂累计排放量			1678.5			
计算公式			$E = Sa \times 10^{-3}$			

表 6-12 工厂主要大气污染物申报总量核算统计

生产线名称	基于许可排放浓度（速率）的年许可排放量/(t/a)	基于许可排放浓度（速率）的年许可排放量/(t/a)	申报量/(t/a)
青霉素钾	74.1096	1650	74.1096
7-ADCA	2.1024	—	2.1024
头孢	1.2614	28.5	1.2614
工厂挥发性有机物申请年许可排放量/(t/a)			77.4734

6.4.9 大气污染物无组织排放表

大气污染物无组织排放如表 6-13 所列。

表 6-13 大气污染物无组织排放表

序号	无组织排放编号	产污环节(1)	污染物种类	主要污染防治措施	国家或地方污染物排放标准 名称	国家或地方污染物排放标准 浓度限值(标)/(mg/m³)	其他信息	年许可排放量限值/(t/a) 第1年	第2年	第3年	第4年	第5年	申请特殊时段许可排放量限值
1	厂界		挥发性有机物	—	工业企业挥发性有机物排放控制标准(DB 13/2322—2016)	2.0		—	—	—	—	—	—
2	厂界		臭气浓度	—	恶臭污染物排放标准(GB 14554—93)	20	无量纲	—	—	—	—	—	—
3	厂界		乙酸丁酯	—	青霉素类制药挥发性有机物和恶臭特征污染物排放标准(DB 13/2208—2015)	1.2		—	—	—	—	—	—
4	…	…	…	…	…	…		—	—	—	—	—	—
全厂无组织排放总计													
			颗粒物					—	—	—	—	—	—
			SO_2					—	—	—	—	—	—
			NO_x					—	—	—	—	—	—
			VOCs					—	—	—	—	—	—

6.4.10 企业大气排放总许可量

企业大气排放总许可量如表 6-14 所列。

表 6-14 企业大气排放总许可量

序号	污染物种类	第 1 年/(t/a)	第 2 年/(t/a)	第 3 年/(t/a)	第 4 年/(t/a)	第 5 年/(t/a)
1	颗粒物	—	—	—	—	—
2	SO_2	—	—	—	—	—
3	NO_x	—	—	—	—	—
4	VOCs	77.473	77.473	77.473	—	—
企业大气排放总许可量备注信息						

6.4.11 废水直接排放口基本情况表

废水直接排放口基本情况如表 6-15 所列。

表 6-15 废水直接排放口基本情况表

序号	排放口编号	排放口地理坐标		排放去向	排放规律	间歇排放时段	受纳自然水体信息		汇入受纳自然水体处理地理坐标		其他信息
		经度	纬度				名称	受纳水体功能目标	经度	纬度	
1	DW005	114°40′1.05″	38°2′30.77″	直接进入江河	间断排放		汪洋沟	Ⅳ类	114°20′8.00″	38°12′34.50″	雨水排放口
2	…	…	…	…	…		…	…	…	…	…

6.4.12 废水间接排放口基本情况表

废水间接排放口基本情况如表 6-16 所列。

表 6-16 废水间接排放口基本情况表

序号	排放口编号	排放口地理坐标		排放去向	排放规律	间歇排放时段	受纳污水处理厂信息		
		经度	纬度				名称	污染物种类	国家或地方污染物排放标准浓度限值/(mg/L)
1	DW001	114°41′9.31″	38°1′29.03″	工业废水集中处理厂	连续排放,流量不稳定且无规律,但不属于冲击型排放		华北制药集团环境保护公司(一车间)	化学需氧量	300
2	…	…	…	…	…		…	…	…

续表

序号	排放口编号	排放口地理坐标		排放去向	排放规律	间歇排放时段	受纳污水处理厂信息		
		经度	纬度				名称	污染物种类	国家或地方污染物排放标准浓度限值/(mg/L)
3	DW003	114°41′10.75″	38°1′26.54″	进入城市污水处理厂	连续排放,流量不稳定,但有规律,且不属于周期性规律		石家庄经济技术开发区污水处理厂	化学需氧量	50
4	DW003	114°41′10.75″	38°1′26.54″	进入城市污水处理厂	连续排放,流量不稳定,但有规律,且不属于周期性规律		石家庄经济技术开发区污水处理厂	氨氮(NH₃-N)	5
5	…	…	…	…	…		…	…	…

6.4.13　废水污染物排放执行标准表

废水污染物排放执行标准如表 6-17 所列。

表 6-17　废水污染物排放执行标准表

序号	排放口编号	污染物种类	国家或地方污染物排放标准		其他信息
			名称	浓度限值/(mg/L)	
1	DW001	化学需氧量	—	—	排入华北制药集团环境保护公司(一车间)协议浓度 8000mg/L
2	…	…	…	…	…
3	DW003	化学需氧量	污水排入城镇下水道水质标准(CJ 343—2010)	300	排入石家庄市经济技术开发区污水处理厂
4	DW003	氨氮(NH₃-N)	污水排入城镇下水道水质标准(CJ 343—2010)	25	排入石家庄市经济技术开发区污水处理厂
	…	…	…	…	…

6.4.14　废水污染物排放

废水污染物排放如表 6-18 所列。

表 6-18　废水污染物排放

序号	排放口编号	污染物种类	申请排放浓度限值/(mg/L)	申请年排放量限值/（t/a）					申请特殊时段排放量限值
				第1年	第2年	第3年	第4年	第5年	
主要排放口									
1	DW001	化学需氧量	8000	35146.48	35146.48	35146.48	—	—	
2	…	…	…	…	…	…			
3	DW003	化学需氧量	300	108.9	108.9	108.9	—	—	
4	DW003	氨氮(NH_3-N)	25	9.075	9.075	9.075	—	—	
5	…	…	…	…	…	…			
主要排放口合计		COD_{Cr}		35255.38	35255.38	35255.38	—	—	
		氨氮		2205.725	2205.725	2205.725	—	—	
一般排放口									
设施或车间废水排放口									
全厂排放口源									
全厂排放口总计		COD_{Cr}		35255.38	35255.38	35255.38	—	—	
		氨氮		2205.725	2205.725	2205.725	—	—	

6.4.14.1　废水已有环评批复总量

根据《项目环境影响报告书》确定 DA003 排放口污染物总量控制指标为：COD 119.131t/a、NH_3-N 9.763t/a、SO_2 0t/a、NO_x 0t/a。具体指标见表 6-19。

表 6-19　环评批复的总量控制指标　　　　　单位：t/a

	COD	NH_3-N
全厂直排环评总量	129.000	10.750
青霉素钠盐(钾盐)搬迁改造项目	2.970	0.297
6-APA 搬迁改造项目	6.899	0.690
现有工程总量控制指标	119.131	9.763

6.4.14.2　废水排放标准浓度限值的确定

该工厂排水分为 3 个系统，即雨水排水系统、生产废水排水系统、生活污水排水系统。其中：各车间生产废水、生活污水、部分循环水、冷凝水通过 DW001 排放口排往华北制药集团环境保护公司一车间处理后再排入城市污水管网；部分循环水、冷凝水由厂区直排口（DW003 排放口）排入城市污水管网。排入城市污水管网的废水经开发区污水处理厂处理后最后进入汪洋沟。

根据《项目环境影响报告书》，DW003 排放口外排废水量为 1100m³/d，应

《污水排入城镇下水道水质标准》（CJ 343—2010）中 1C 等级要求中的最严格标准，即 COD≤300mg/L、NH₃-N≤25mg/L。工厂与华北制药集团环境保护公司（一车间）签订排水协议，DW001 排放口协议浓度为 COD≤8000mg/L、NH₃-N≤500mg/L、流量≤6000t/d。

6.4.14.3 排放量计算

许可排放量见表 6-20、表 6-21。主要排放口申请总量核算统计见表 6-22。

表 6-20 按原料药制造单位产品基准水量计算许可排放量（1）

产品	排水量/(m³/a)	3 年实际产品平均值/(t/a)	单位产品基准排水量/(m³/t)	备注
青霉素钾	2750000	2750	1000	根据《排污许可证申请与核发技术规范制药工业—原料药制造》附录表 D.1 和 D.2 的标准选取
7-ADCA	870000	725	1894	
头孢拉定	480000	400	1200	
头孢氨苄	833360	440	1894	
总水量	5436510m³/a（其中 DW001 排放口分配 4393310m³/a，DW003 排放口分配 1043200m³/a）			

表 6-21 按原料药制造单位产品基准水量计算许可排放量（2）

排放口	水量/(m³/a)	COD 浓度/(mg/L)	COD 许可排放量/(t/a)	氨氮浓度/(mg/L)	氨氮许可排放量/(t/a)
DW001	4393310	8000	35146.48	500	2196.65
DW003	1043200	300	312.96	25	26.08

表 6-22 主要排放口申请总量核算统计

排放口	污染物	已有环评批复总量/(t/a)	已有排污许可证的量/(t/a)	按照绩效值方法计算的量/(t/a)	申报总量/(t/a)
DW001	COD	—	—	35146.48	35146.48
	氨氮	—	—	2196.65	2196.65
DW003	COD	119.131	108.9	312.96	108.9
	氨氮	9.763	9.075	26.08	9.075

6.4.14.4 工厂废水排污许可申报量确定

按照"总量控制要求包括地方政府或环保部门发文确定的企业总量控制指标、环评文件及其批复中确定的总量控制指标、现有排污许可证中载明的总量控制指标、通过排污权有偿使用和交易确定的总量控制指标等地方政府或环保部门与排污许可证申领企业以一定形式确认的总量控制指标"要求取严，确定排污许可申报量。DW003 排放口污染物排放许可量为：COD 108.900t/a、氨氮 9.075t/a。DW001 排放口污染物排放许可量为：COD 35146.48t/a、氨氮 2196.65t/a。

6.4.15 自行监测及记录信息表

自行监测及记录信息如表 6-23 所列。

表 6-23 自行监测及记录信息表

序号	污染源类别	排放口编号	监测内容	污染物名称	监测设施	自动监测是否联网	自动监测仪器名称	自动监测设施安装位置	自动监测设施是否符合安装、运行、维护等管理要求	手工监测采样方法及个数	手工监测频次	手工测定方法	其他信息
1	废水	DW001	流量	化学需氧量	自动	是	COD在线监测仪	DW001	是	瞬时采样至少3个瞬时样	1次/6小时	《水质 化学需氧量的测定 快速消解分光光度法》(HJ/T 399—2007)	自动设施故障时采用手动监测
2	…	…	…	…	…	…	…	…	…	…	…	…	…
3	废水	DW003	流量	化学需氧量	自动	是	COD在线监测仪	DW003	是	瞬时采样至少3个瞬时样	1次/6小时	《水质 化学需氧量的测定 快速消解分光光度法》(HJ/T 399—2007)	自动设施故障时采用手动监测
4	废水	DW003	流量	氨氮(NH₃-N)	自动	是	氨氮水质自动分析仪	DW003	是	瞬时采样至少3个瞬时样	1次/6小时	《水质 氨氮的测定 气相分子吸收光谱法》(HJ/T 195—2005)	自动设施故障时采用手动监测
5	废水	DW003	流量	五日生化需氧量	手工					瞬时采样至少3个瞬时样	1次/季	《水质 五日生化需氧量(BOD₅)的测定 稀释与接种法》(HJ 505—2009)	
6	…	…	…	…	…	…	…	…	…	…	…	…	…

6.4.16 环境管理台账信息表

环境管理台账信息如表 6-24 所列。

表 6-24 环境管理台账信息表

序号	设施类别	操作参数	记录内容	记录频次	记录形式	其他信息
1	生产设施	基本信息	发酵罐、种子罐、反应釜、离心机、真空泵、精馏塔、蒸馏釜、结晶罐、干燥包装设备、储罐等生产设施名称、编码、生产负荷;主要产品(原料药)设计产能和产品产量;原辅料、有机溶剂、燃料使用情况(种类、名称、用量);全厂水、电用量	每天分类记录1次,月度汇总上传至环保部排污许可管理系统	电子台账+纸质台账	台账保存期限不少于3年

续表

序号	设施类别	操作参数	记录内容	记录频次	记录形式	其他信息
2	生产设施	基本信息	原辅料、燃料、溶剂名称及硫元素占比	按批次记录,月度汇总上传至环保部排污许可管理系统	电子台账+纸质台账	台账保存期限不少于3年
3	污染防治设施	基本信息	按照污染治理设施类别分别记录设施名称、编码、设计参数等,具体包含下列信息。(1)袋收尘器:污染治理设施名称、编号、污染物、滤料材质、滤袋数量、滤袋规格型号、设计处理风量、过滤面积、除尘效率、设计出口浓度限值等信息。(2)污水处理设施:设施名称、处理工艺、设施编号、废水类别、设计处理能力、设计进水水质、设计出水水质、污泥处理方式、排放去向、受纳水体等信息。(3)脱硫脱硝设施:对应生产设施名称、生产设施编号、污染治理设施名称、处理工艺、污染治理设施编号、设计处理污染物浓度限值、设计污染物排放浓度限值等信息	根据配置现场污染设施情况及时对设施参数更新信息,上传至环保部排污许可管理系统	电子台账+纸质台账	台账保存期限不少于3年
4	污染防治设施	监测记录信息	自动监测运维记录:包括自动监测及辅助设备运行状况、系统校准、校验记录、定期比对监测记录、维护保养记录、是否故障、故障维修记录、巡检日期等信息	按要求记录监测信息,上传至环保部排污许可管理系统	电子台账+纸质台账	台账保存期限不少于3年
5	污染防治设施	监测记录信息	手工监测记录信息:记录开展手工监测的日期、时间	按要求记录监测	电子台账+纸质台账	台账保存期限不少于3年

6.5 易错问题汇总

6.5.1 表 6-2 排污单位基本信息表易错问题汇总

① 针对是否属于重点区域,很多企业未经核实而随意性填报,导致错填。

② 属于重点区域的排污单位分辨不出重点控制区和一般控制区,导致许可排放限值填报错误。

③ 未能按照环评文件取得时间判断新源和现有源,导致许可限值、污染因子的管控填报错误。

④ 总量分配文件选取错误,填报了环评文件或不填报。

6.5.2 表 6-3 主要产品及产能信息表易错问题汇总

① 主要工艺及生产设施填报不全。

② 主要生产单元中，针对存在多条生产线的，企业未对生产单元编号识别。

③ 原料药制造工业的主要产品产能重复填写。

④ 产能填报不规范，填报实际产量或其他。

⑤ 设施参数填报不全，要求填报两个参数的仅填报一个。

6.5.3 表 6-4 主要原辅材料及燃料信息表易错问题汇总

① 挥发性有机物应全部列入有机溶剂表格（参与反应的有机溶剂应备注）。

② 关于燃料，若厌氧处理产生的沼气作为燃料也应填报。

③ 热值单位为"MJ/kg、MJ/m³"，年最大使用量单位为 10^4 t/a、10^4 m³/a，部分单位未注意单位导致误填。

④ 所有原辅燃料应填报有毒有害物质成分占比，部分企业仅填报硫含量，铝、铬、砷、镍等未填报。

6.5.4 表 6-5 废气产排污节点、 污染物及污染治理设施信息易错问题汇总

① 该表要求企业填报有组织污染物，部分企业填报了无组织污染物。

② 生产设施对应的污染因子选填有误。

③ 污染因子选填不全。

④ 主要排放口和一般排放口分辨不清。

⑤ 对于综合性污染治理设施工艺选择不全，如综合废水处理系统仅选择"A/O"，漏填沉淀池、调节池等。

⑥ 未采用可行技术却选择"是"。

6.5.5 表 6-6 废水类别、污染物及污染治理设施信息表易错问题汇总

① 废水类别填报不全，易漏填报循环冷却排污水等。

② 选填废水污染因子不全。

③ 废水污染治理设施及工艺不符合可行技术却选择"是"。

6.5.6 表 6-7 大气排放口基本情况表易错问题汇总

排气筒高度、内径填报错误。

6.5.7 表 6-8 废气污染物排放执行标准表易错问题汇总

① 未能从严确定许可限值，尤其是执行特别排放限值的易错填。

② 新增污染源未填报"环境影响评价文件和批复要求"的限值。

6.5.8　表6-9大气污染物有组织排放表易错问题汇总

① 许可排放量核算方法有误，一般排放口错误地按主要排放口进行核算许可量。

② 在许可量取值过程中，未能按照技术规范的要求，新增污染源按照"3＋0"、现有污染源按照"2＋1"原则从严确定许可排放量。

6.5.9　表6-13大气污染物无组织排放表易错问题汇总

① 部分企业未按照要求填报厂界无组织污染物。

② 无组织排放因子漏填报，如硫化氢、臭气浓度、非甲烷总烃。

6.5.10　表6-14企业大气排放总许可量表易错问题汇总

主要排放口分类排放的许可量应在备注信息中申报。

6.5.11　表6-15废水直接排放口基本情况表易错问题汇总

受纳自然水体信息填报易发生错误。

6.5.12　表6-16废水间接排放口基本情况表易错问题汇总

受纳污水处理厂信息执行的标准误填。

6.5.13　表6-17废水污染物排放执行标准表易错问题汇总

① 未能正确选取应执行的标准。

② 未根据国家标准和地方标准从严确定许可限值。

6.5.14　表6-18废水污染物排放易错问题汇总

① 没有单独上传计算过程文件。

② 地方要求总磷、总氮的，需要申请许可排放量。

6.5.15　表6-19自行监测及记录信息表易错问题汇总

① 自行监测的监测内容填报成污染物。

② 监测频次低于技术规范要求。

③ 未能对有抽检率的监测点位的污染物进行备注。

④ 厂界无组织监测漏填报。

⑤ 新增排放源有环境质量监测要求的易漏填。

6.5.16　表6-20环境管理台账信息表易错问题汇总

① 部分企业未能按照技术规范的要求填报环保管理台账信息及对应的记录频次。

② 记录形式未按照技术规范要求必须采用"电子台账＋纸质台账"形式填报。

附录

附录一 排污许可证申请与核发技术规范　制药工业——原料药制造

本标准由环境保护部规划财务司、环境保护部科技标准司组织制订。

本标准主要起草单位：河北科技大学、北京市环境保护科学研究院、环境保护部环境工程评估中心、河北华药环境保护研究所有限公司、恒联海航（北京）管理咨询有限公司、中国化学制药工业协会、河北省环境科学学会。

本标准由环境保护部 2017 年 09 月 29 日批准。

本标准自 2017 年 09 月 29 日起实施。

本标准由环境保护部解释。

1　适用范围

本标准规定了制药工业——原料药制造排污单位排污许可证申请与核发的基本情况填报要求、许可排放限值确定、实际排放量核算、合规判定的技术方法以及自行监测、环境管理台账与排污许可证执行报告等环境管理要求，提出了制药工业——原料药制造污染防治可行技术要求。

本标准适用于指导制药工业——原料药制造排污单位填报《排污许可证申请表》及在全国排污许可证管理信息平台上填申报系统填报相关申请信息，同时适用于指导核发机关审核确定制药工业——原料药制造排污单位排污许可证许可要求。

本标准适用于进一步加工化学药品制剂所需的原料药的生产、主要用于药物生产的医药中间体的生产及兽用药品制造（化学原料药）排污单位排放的大气污染物和水污染物的排污许可管理。

制药工业——原料药制造排污单位中，执行 GB 13223 的生产设施和排放口适用《火电行业排污许可证申请与核发技术规范》；执行 GB 13271 的生产设施和排放口参照本标准执行，待锅炉的排污许可证申请与核发技术规范颁布后从其规定。

本标准未做出规定但排放工业废水、废气或者国家规定的有毒有害大气污染物的制药工业——原料药制造排污单位的其他产污设施和排放口，参照《排污许可证申请与核发技术规范　总则》执行。

2　规范性引用文件

本标准内容引用了下列文件或者其中的条款。凡是不注日期的引用文件，其有效版本适用于本标准。

GB 13223　火电厂大气污染物排放标准

GB 13271　锅炉大气污染物排放标准

GB 14554　恶臭污染物排放标准

GB 16297　大气污染物综合排放标准

GB 18484　危险废物焚烧污染控制标准

GB 21903　发酵类制药工业水污染物排放标准

GB 21904　化学合成类制药工业水污染物排放标准

GB 21905　提取类制药工业水污染物排放标准

GB/T 16157　固定污染源排气中颗粒物测定与气态污染物采样方法

GB/T 31962　污水排入城镇下水道水质标准

HJ/T 55　大气污染物无组织排放监测技术导则

HJ/T 75　固定污染源烟气排放连续监测技术规范（试行）

HJ/T 76　固定污染源烟气排放连续监测系统技术要求及检测方法（试行）

HJ/T 91　地表水和污水监测技术规范

HJ/T 212　污染源在线自动监控（监测）系统数据传输标准

HJ/T 353　水污染源在线监测系统安装技术规范（试行）

HJ/T 354　水污染源在线监测系统验收技术规范（试行）

HJ/T 355　水污染源在线监测系统运行与考核技术规范（试行）

HJ/T 356　水污染源在线监测系统数据有效性判别技术规范（试行）

HJ/T 373　固定污染源监测质量保证与质量控制技术规范（试行）

HJ/T 397　固定源废气监测技术规范

HJ 493　样品的保存和管理技术规定

HJ 494　水质 采样技术指导

HJ 495　水质 采样方案设计技术规定

HJ 732　固定污染源废气挥发性有机物的采样　气袋法

HJ 819　排污单位自行监测技术指南　总则

HJ 820　排污单位自行监测技术指南　火力发电及锅炉

GB □□-20□□　挥发性有机物无组织排放控制标准

GB □□-20□□　制药工业大气污染物排放标准

HJ □□-20□□　排污许可证申请与核发技术规范　总则

HJ □□-20□□　排污单位自行监测技术指南　发酵类制药工业

HJ □□-20□□　排污单位自行监测技术指南　化学合成类制药工业

HJ □□-20□□　排污单位自行监测技术指南　提取类制药工业

HJ □□-20□□　环境管理台账及排污许可证执行报告技术规范（试行）

《固定污染源排污许可分类管理名录》

《排污口规范化整治技术要求（试行）》（环监〔1996〕470 号）

《污染源自动监控设施运行管理办法》（环发〔2008〕6 号）

《关于太湖流域执行国家排放标准水污染物特别排放限值时间的公告》（环境保护部公告 2008 年 第 28 号）

《关于太湖流域执行国家污染物排放标准水污染物特别排放限值行政区域范围的公告》（环境保护部公告 2008 年 第 30 号）

《制药工业污染防治技术政策》（环境保护部公告 2012 年 第 18 号）

《关于执行大气污染物特别排放限值的公告》（环境保护部公告 2013 年 第 14 号）

《挥发性有机物（VOCs）污染防治技术政策》（环境保护部公告 2013 年 第 31 号）

《关于印发〈排污许可证管理暂行规定〉的通知》（环水体〔2016〕186 号）

《关于开展火电、造纸行业和京津冀试点城市高架源排污许可证管理工作的通知》（环水体〔2016〕189 号）

《关于执行大气污染物特别排放限值有关问题的复函》（环办大气函〔2016〕1087 号）

《关于加强京津冀高架源污染物自动监控有关问题的通知》（环办环监函〔2016〕1488 号）

3　术语和定义

下列术语和定义适用于本标准。

3.1　原料药制造排污单位　active pharmaceutical ingredient manufacturing pollutant emission unit

指进一步加工化学药品制剂所需的原料药制造的排污单位。

3.2　许可排放限值　permitted emission limits

指排污许可证中规定的允许排污单位排放的污染物最大排放浓度（或速率）和排放量。

3.3　特殊时段　special periods

指根据国家和地方限期达标规划及其他相关环境管理规定，对排污单位的污染物排放情况有特殊要求的时段，包括重污染天气应对期间等。

3.4 挥发性有机物 volatile organic compounds（VOCs）

指参与大气光化学反应的有机化合物，或者根据规定的方法测量或核算确定的有机化合物。根据行业特征和环境管理需求，可选择对主要 VOCs 物种进行定量加和的方法测量总有机化合物（以 TVOC 表示），或者选用按基准物质标定，检测器对混合进样中 VOCs 综合响应的方法测量非甲烷有机化合物（以 NMOC 表示，以碳计），本标准以非甲烷总烃表征。

4 排污单位基本情况填报要求

4.1 基本原则

排污单位应按照本标准要求，在排污许可证管理信息平台申报系统填报《排污许可证申请表》中的相应信息表。填报系统下拉菜单中未包括的、地方环境保护主管部门有规定需要填报或排污单位认为需要填报的，可自行增加内容。

省级环境保护主管部门按环境质量改善需求增加的管理要求，应填入排污许可证管理信息平台申报系统中"有核发权的地方环境保护主管部门增加的管理内容"一栏。

排污单位在填报申请信息时应评估污染排放及环境管理现状，可对现状环境问题提出整改措施，并填入排污许可证管理信息平台申报系统中"改正措施"一栏。

排污单位应当按照实际情况填报基本情况，对提交申请材料的真实性、合法性和完整性负法律责任。

4.2 排污单位基本信息

排污单位基本信息应填报单位名称、邮政编码、行业类别（填报时选择化学药品原料药制造或兽用药品制造）、是否投产、投产日期、生产经营场所中心经纬度、所在地是否属于重点区域、是否有环评批复文件及文号（备案编号）、是否有地方政府对违规项目的认定或备案文件及文号、是否有主要污染物总量分配计划文件及文号、颗粒物总量指标（t/a）、二氧化硫总量指标（t/a）、氮氧化物总量指标（t/a）、化学需氧量总量指标（t/a）、氨氮总量指标（t/a）、其他污染物总量指标（如有）、是否实施绿色酶法生产技术改造等。

4.3 主要产品及产能

4.3.1 一般原则

在填报"主要产品及产能"时，需选择行业类别，适用于本标准的生产设施选择化学药品原料药制造或兽用药品制造。执行 GB 13223 的生产设施选择火电行业。

主要产品及产能应填报主要生产单元名称、主要工艺名称、主要生产设施名称、生产设施编号、设施参数、产品名称、生产能力、近三年实际产量、计量单位、设计年生产时间及其他。

4.3.2　主要生产单元

排污单位主要生产单元分为以产品命名的生产线单元、公用单元。以产品命名的生产线单元按照附录 A 中的产品名称填写，如头孢拉定生产线、维生素 C 生产线、阿莫西林生产线等。

若同一生产线生产不同产品时，以主要产品命名，备注说明生产的其他产品。若包括多个生产单元应分别填写每一个单元。

4.3.3　主要工艺

根据生产线单元工艺流程的主要工序填写，包括配料、发酵、反应、分离、提取、精制、干燥、成品、溶剂回收、其他。

公用单元主要工艺包括物料存储系统、输送系统、纯水制备系统、循环水冷却系统、供热系统、空压系统、供冷系统、废水处理系统、废气处理系统、固废处理处置系统、事故应急系统、其他。

4.3.4　主要生产设施

4.3.4.1　一般原则

按照生产线单元、公用单元的主要工艺分类，涉及的主要生产装置及公用设施见附录 B。

4.3.4.2　必填内容

表征生产装置生产能力的设备、产生工艺废水的生产设备、排出工艺废气的生产设备、常压有机液体储罐、有机液体装载和分装设施，以及排放有毒有害大气污染物、排放第一类污染物的生产设施。

4.3.4.3　选填内容

1）生产装置中的泵、压缩机；

2）生产装置中的回流罐、缓冲罐、分液罐；

3）操作压力大于常压的有机液体储罐；

4）用于工艺参数测量和产品质量检测的设备；

5）生产单元中含有挥发性有机物流经的设备与管线组件。

4.3.4.4　生产设施编号

排污单位填报内部生产设施编号；若排污单位无内部生产设施编号，则根据环水体〔2016〕189 号中附件 4《固定污染源（水、大气）编码规则（试行）》进行编号并填报。

4.3.4.5　设施参数

设施参数分为参数名称、设计值、计量单位等，设施参数如直径、面积、容积、压力、额定功率、流量、供气量、设计排气量、最大处理量、最大热负荷、热效率等。

4.3.4.6　产品名称

产品名称参见附件 A 填写。

4.3.4.7　生产能力、近三年实际产量及计量单位

生产能力为主要产品设计产能，不包括国家和地方政府予以淘汰或取缔的产能。近三年实际产量为实际发生数（未投运和投运不满一年的原料药制造排污单位不需填报，投运满一年但未满三年的原料药制造排污单位按周期年填报）。产能和产量计量单位均为 t/a。

4.3.4.8　设计年生产时间

按环境影响评价文件及批复、地方政府对违规项目的认定或备案文件确定的年生产小时数填写。

4.3.4.9　其他

排污单位如有需要说明的内容，可填写。

4.4　主要原辅料及燃料

4.4.1　一般原则

填写主要原辅材料（除有机溶剂）、有机溶剂及燃料，应全部填写。

主要原辅材料（除有机溶剂）应填报原辅材料种类、设计年使用量、计量单位、纯度、有毒有害成分占比、其他。

有机溶剂应填报溶剂名称、设计年使用量、计量单位、纯度、其他。

燃料应填报燃料种类、灰分、硫分、挥发分、热值、设计年使用量、其他。

4.4.2　原辅材料及燃料种类

原辅材料（除有机溶剂）应填写具体物质名称，按反应物、增溶剂、助剂、乳化剂、吸收剂、稀释剂、螯合剂、酶、催化剂、pH 调节剂等进行分类。

有机溶剂名称参见附件 C 填写。

燃料种类包括：燃料煤、原油、重油、柴油、燃料油、页岩油、天然气、沼气、液化石油气、煤层气、页岩气、其他。

4.4.3　设计年使用量及计量单位

设计年使用量为与产能相匹配的原辅材料及燃料年使用量。设计年使用量计量单位为 t/a 或 m^3/a。

4.4.4　原辅材料纯度

原辅材料中有机溶剂纯度为必填项，以百分比表示；其他原辅材料纯度为选填项。

4.4.5　有毒有害成分及占比

原辅材料中铅、镉、砷、镍、汞、铬含量，可参考设计值或上一年生产实际值

填报。

4.4.6 燃料灰分、硫分、挥发分及热值

燃料煤需填写灰分、硫分、挥发分和低位热值；其他燃料填写硫分和低位热值。可参考设计值或上一年生产实际值填报。

4.4.7 其他

排污单位如有需要说明的内容，可填写。

4.5 产排污环节、污染物及污染治理设施

4.5.1 废气

4.5.1.1 一般原则

废气产排污环节、污染物及污染治理设施包括生产设施对应的产排污环节、污染物种类、排放形式（有组织、无组织）、污染治理设施、是否为可行技术、排放口编号、排放口设置是否规范及排放口类型。

4.5.1.2 废气主要产污环节、排放形式及污染治理设施名称

排污单位废气主要产污环节名称及污染治理设施名称填报内容参见表1，其中废气产污环节名称以产生废气的生产设备（设施）对应的产污环节命名，分别按生产工艺分类的产污设备（设施）填写。废气排放形式分为有组织和无组织。污染治理设施分为工艺有机废气、工艺酸碱废气、工艺含尘废气、发酵废气、罐区废气、废水处理站废气、危废暂存废气、锅炉烟气、危险废物焚烧炉烟气等治理设施，以及沼气净化设施。

表 1 废气主要产污环节名称及污染治理设施名称一览表

生产工艺	主要生产设施	产污环节名称	污染治理设施名称
配料	液体配料设施	有机液体配料	工艺有机废气治理设施
		酸碱调节	工艺酸碱废气治理设施
	固体配料机、整粒筛分机、破碎机	固体配料、整粒筛分、破碎	工艺含尘废气治理设施
发酵	种子罐、发酵罐、消毒罐、配料补加罐	种子培养、发酵、消毒、补料	发酵废气治理设施
反应	反应釜、缩合罐、裂解罐	反应、缩合、裂解	工艺有机废气治理设施
分离	离心机	离心	工艺有机废气治理设施
	板框压滤机	板框压滤	
	过滤器	过滤	
	转鼓过滤器	转鼓	
	膜分离器	膜分离	
	萃取罐	萃取	
	管式分离机	管式分离	

续表

生产工艺	主要生产设施	产污环节名称	污染治理设施名称
提取	酸化罐	酸化	工艺有机废气治理设施
	吸附塔	吸附	
	液储罐	储存	
	反渗透装置	反渗透	
	结晶罐	结晶	
	干燥器	干燥	
	转化罐	转化	
	浸提设备	浸提	
精制	脱色罐	脱色	工艺有机废气治理设施
	结晶罐	结晶	
干燥	干燥塔	干燥	工艺有机废气治理设施工艺含尘废气治理设施
	真空泵	真空泵	
	真空干燥器	真空干燥	
	双锥干燥器	双锥干燥	
	沸腾床	沸腾干燥	
	菌渣干燥机	菌渣干燥	
成品	磨粉机	磨粉机分离	工艺含尘废气治理设施
	分装机	分装	
溶剂回收	吸收塔	吸收	工艺有机废气治理设施
	溶剂萃取设备	萃取	
	降膜吸收设备	降膜吸收	
	精馏塔	精馏塔冷凝	
	蒸馏釜	蒸馏釜冷凝	
物料储存设施	固定顶罐、浮顶罐、锥顶罐、拱顶罐、其他	呼吸口	罐区废气治理设施
装卸、转运	槽车	装卸、转运	工艺有机废气治理设施工艺酸碱废气治理设施
供热系统	锅炉、其他	锅炉	锅炉烟气治理设施
废水处理系统	调节池、水解酸化池、好氧池、中间池、污泥浓缩池、污泥脱水间、污泥暂存间、其他	废水处理	废水处理站废气治理设施
	厌氧处理装置	厌氧处理	沼气净化设施
固废处理处置系统	危险废物暂存间	危废暂存	危废暂存废气治理设施
	危险废物焚烧炉	燃烧炉	焚烧炉烟气治理设施

注：1. 表中未列出的项目，根据实际情况填写。

2. 存在无组织排放形式的生产设施，必须填写相应的产污环节名称。

4.5.1.3 污染物种类

污染物种类根据 GB 13271、GB 14554、GB 18484、GB 16297 确定，具体见表 2。待《制药工业大气污染物排放标准》颁布后，从其规定。有地方排放标准要求的，按照地方排放标准确定。

4.5.1.4 污染治理工艺

工艺有机废气治理工艺包括冷凝、水洗、碱吸收、酸吸收、离子液吸收、化学氧化、活性炭吸附再生、分子筛转轮吸附、生物洗涤、生物过滤、生物滴滤、热力燃烧、催化燃烧、蓄热式热力燃烧、蓄热式催化燃烧、其他。

工艺酸碱废气治理工艺包括水洗、碱吸收、酸吸收、其他。

工艺含尘废气治理工艺包括袋式除尘、旋风除尘、滤筒除尘、多级过滤、其他。

发酵废气治理工艺包括旋风分离、冷却、水洗、碱吸收、化学氧化、生物洗涤、生物过滤、生物滴滤、转轮吸附浓缩、热力燃烧、催化燃烧、蓄热式热力燃烧、蓄热式催化燃烧、其他。

恶臭废气治理工艺包括水洗、碱吸收、酸吸收、化学氧化、等离子氧化、光催化氧化、活性炭吸附再生、生物洗涤、生物过滤、生物滴滤、其他。

沼气净化工艺包括湿法化学脱硫、干法化学脱硫、湿法生物脱硫、其他。

焚烧炉烟气、锅炉烟气治理工艺包括除尘（静电除尘、袋式除尘、电袋复合除尘、其他）、脱硫（石灰石/石灰-石膏湿法、氨法、氧化镁法、其他）；脱硝（低氮燃烧、选择性非催化还原、选择性催化还原、其他）；锅炉烟气去除汞及其化合物（协同处置、其他）；焚烧炉烟气去除二噁英（急冷、活性炭/焦吸附、炉内添加卤化物、烟道喷入活性炭/焦、其他）等。

4.5.2 废水

4.5.2.1 一般原则

应填报废水类别、污染物种类、排放去向、排放规律、污染治理设施、是否为可行技术、排放口编号、排放口设置是否规范及排放口类型。

4.5.2.2 废水类别、污染物种类

废水类别分为：主生产过程排水（提取废水、发酵废水、合成废水、设备冲洗水、其他）、循环冷却水排水、中水回用系统排水、水环真空泵排水、储罐切水、地面冲洗水、制水排水、蒸馏设备冷凝水、废气处理设施废水、生活污水、初期雨水、其他。

污染物种类依据 GB 21903、GB 21904、GB 21905 中确定。有地方排放标准要求的，按照地方排放标准确定。

4.5.2.3 废水去向及排放规律

废水去向包括主生产过程预处理设施、综合废水处理设施、回用。

排放规律分为连续排放和间断排放，根据流量稳定性和规律性分为不同类型。

废水间断排放的，应当载明排放污染物的时段。具体见《排污许可证申请表》中废水排放规律相关内容。

4.5.2.4　污染治理设施名称

包括主生产过程排水预处理设施、综合废水处理设施、中水回用处理设施、其他。

4.5.2.5　污染治理工艺

1）主生产过程排水预处理

主生产过程排水中的高含盐废水、高氨氮废水、有生物毒性或难降解废水、高悬浮物废水、高动植物油废水等，可采用蒸发、蒸氨、吹脱、汽提、氧化、还原、混凝沉淀、混凝气浮、破乳等预处理后，进入综合废水处理设施。

2）综合废水处理

预处理：隔油、混凝气浮、混凝沉淀、调节、中和、氧化、还原、其他。

生化处理：升流式厌氧污泥床（UASB）、厌氧颗粒污泥膨胀床（EGSB）、厌氧流化床（AFB）、复合式厌氧污泥床（UBF）、厌氧内循环反应器（IC）、水解酸化、生物接触氧化法、序批式活性污泥法（SBR）、膜生物法（MBR）、曝气生物滤池（BAF）、缺氧/好氧工艺（A/O）、厌氧/缺氧/好氧工艺（A^2/O）、其他。

深度处理：混凝、过滤、高级氧化、其他。

3）中水回用处理

砂滤、超滤（UF）、反渗透（RO）、脱盐、消毒、其他。

4.5.3　污染治理设施、排放口编号

污染治理设施编号可填写排污单位内部编号，若无内部编号，则根据《排污许可证管理暂行规定》中附件4《固定污染源（水、大气）编码规则（试行）》进行编号并填报。

排放口编号应填写地方环境保护主管部门现有编号，若地方环境保护主管部门未对排放口进行编号，则根据《排污许可证管理暂行规定》中附件4《固定污染源（水、大气）编码规则（试行）》进行编号并填报。

4.5.4　可行技术

参照本标准第6部分"污染防治可行技术"填报。

4.5.5　排放口类型

废气排放口分为主要排放口和一般排放口。主要排放口包括发酵废气排放口、工艺有机废气排放口、废水处理站废气排放口、危险废物焚烧炉烟囱、锅炉烟囱。其他为一般排放口，见表2。

废水排放口分为主要排放口和一般排放口。其中废水总排放口为主要排放口，车间或生产设施废水排放口和生活污水单独排放口为一般排放口。

表 2 纳入许可管理的废气排放源及污染物项目

排放口类型	排放源	许可排放浓度(或速率)污染物项目	许可排放量污染物项目
主要排放口	发酵废气排放口	颗粒物、挥发性有机物[①]、臭气浓度	挥发性有机物
	工艺有机废气排放口	挥发性有机物[①]、特征污染物[②]	挥发性有机物
	废水处理站废气排放口	挥发性有机物[①]、臭气浓度、特征污染物[②]	挥发性有机物
	危险废物焚烧炉烟囱	烟气黑度(林格曼黑度,级)、烟尘[③]、一氧化碳、二氧化硫、氟化氢、氯化氢、氮氧化物、汞及其化合物、镉及其化合物、(砷、镍及其化合物)、铅及其化合物、(锑、铬、锡、铜、锰及其化合物)、二噁英类	颗粒物、二氧化硫、氮氧化物
	锅炉烟囱	颗粒物、二氧化硫、氮氧化物、汞及其化合物[④]、烟气黑度(林格曼黑度,级)	颗粒物、二氧化硫、氮氧化物
一般排放口	罐区废气排放口	挥发性有机物[①]、特征污染物[②]	—
	工艺酸碱废气排放口	特征污染物[②]	—
	工艺含尘废气排放口	颗粒物	—
	危废暂存废气排放口	挥发性有机物[①]、臭气浓度、特征污染物[②]	—

① 本标准使用非甲烷总烃作为排气筒挥发性有机物排放的综合控制指标,待《制药工业大气污染物排放标准》发布后从其规定。

② 见 GB 16297、GB 14554 所列污染物,根据环境影响评价文件及其批复等相关环境管理规定,确定具体污染物项目,待《制药工业大气污染物排放标准》发布后,从其规定。地方排放标准中有要求的,从严规定。

③ 许可排放量时以颗粒物计。

④ 燃煤锅炉烟囱必须增加控制该项目。

注:未发布国家污染物监测方法标准的污染物,待国家污染物监测方法标准发布后实施。

4.5.6 排放口规范化设置

根据排污单位执行的排放标准中有关排放口规范化设置的规定以及《排污口规范化整治技术要求(试行)》,填报废气和废水排放口设置是否符合规范化要求。

4.5.7 排放口基本情况

4.5.7.1 废气排放口

废气排放口填写排放口经纬度坐标、排气筒高度、排气筒出口内径、设计排气温度。

4.5.7.2 废水排放口

废水排放口填写排放口经纬度坐标、排放去向、排放规律等。

废水直接排入环境的,还应填写受纳自然水体名称、水体功能目标。

废水间接排入环境的,还应填写受纳污水处理厂名称、废水污染物及其排放限值。单独排入城镇集中污水处理设施的生活污水仅说明去向。

4.5.7.3 雨水排放口

填写排放口编号、排放口经纬度坐标、排放去向、汇入水体信息以及汇入处经纬度坐标。雨水排放口编号填写排污单位内部编号，如无内部编号，则根据《排污许可证管理暂行规定》中附件4《固定污染源（水、大气）编码规则（试行）》进行编号并填报。

4.5.7.4 废水排放去向

包括直接进入海域、江河、湖、库等水环境，进入城市下水道（再入江河、湖、库），进入城市下水道（再入沿海海域），进入城市污水处理厂、工业废水集中处理设施、其他单位等。

4.6 其他要求

排污单位基本情况还应包括厂区总平面布置图、全厂污水和雨水管线走向图、工艺流程和排污节点图。厂区总平面布置图应标明主要生产单元及公用设施名称、位置，有组织排放源、废水排放口位置，厂区雨水、污水集输管道走向及排放去向，废水应急事故池位置等。工艺流程和排污节点图应标明主要生产单元名称、主要物料走向等。

5 产排污环节对应排放口及许可排放限值

5.1 产排污环节及排放口具体规定

5.1.1 废气

5.1.1.1 有组织排放源

废气排放口应填报排放口地理坐标、排放口高度、排放口出口内径、国家或地方污染物排放标准、环境影响评价批复要求及承诺更加严格排放限值，其余项为依据本标准第4.5部分填报的产排污环节及排放口信息，信息平台系统自动生成。排污单位废气排放源和污染物项目见表2。

5.1.1.2 无组织排放源

纳入排污许可管理的排污单位边界无组织排放污染物项目见表3。

表3 纳入许可管理的排污单位边界无组织排放污染物项目

管控位置	许可排放浓度污染物
厂界	挥发性有机物①、臭气浓度、特征污染物②

① 本标准使用非甲烷总烃作为企业边界挥发性有机物排放的综合控制指标，待《制药工业大气污染物排放标准》发布后从其规定。

② 见GB 16297、GB 14554所列污染物，根据环境影响评价文件及其批复等相关环境管理规定，确定具体污染物项目，待《制药工业大气污染物排放标准》发布后，从其规定。地方排放标准中有要求的，从严规定。

5.1.2 废水

排污单位纳入许可管理的废水排放源及污染物项目见表4。

表4　纳入许可管理的废水排放源及污染物项目

排放源	许可排放浓度污染物项目		许可排放量污染物项目[①]
废水总排放口	适用GB 21904的排污单位	pH值、色度、悬浮物、五日生化需氧量、化学需氧量、氨氮、总氮、总磷、总有机碳、急性毒性（HgCl₂毒性当量）、总铜、总锌、总氰化物、挥发酚、硫化物、硝基苯类、苯胺类、二氯甲烷	化学需氧量、氨氮、总氮[②]、总磷[②]
	适用GB 21903的排污单位	pH值、色度、悬浮物、五日生化需氧量、化学需氧量、氨氮、总氮、总磷、总有机碳、急性毒性（HgCl₂毒性当量）、总锌、总氰化物	
	适用GB 21905的排污单位	pH值、色度、悬浮物、五日生化需氧量、化学需氧量、动植物油、氨氮、总氮、总磷、总有机碳、急性毒性（HgCl₂毒性当量）	
车间或生产设施废水排放口[③]	总汞、烷基汞、总镉、六价铬、总铅、总砷、总镍		—
排放源	许可排放浓度污染物项目		许可排放量污染物项目[①]
生活污水排放口[④]	化学需氧量、氨氮		—

① 明确排污单位外排化学需氧量、氨氮以及受纳水体环境质量超标且列入GB 21903、GB 21904、GB 21905中的其他污染物项目年许可排放量。

② 对于位于《"十三五"生态环境保护规划》及环境保护部正式发布的文件中规定的总磷和总氮总量控制的区域内的排污单位，还应申请总磷、总氮年许可排放量。

③ 适用GB 21904的排污单位执行该项要求。

④ 单独排放生活污水的排放口。

5.2　许可排放限值

5.2.1　一般原则

许可排放限值包括污染物许可排放浓度和许可排放量。许可排放量包括年许可排放量和特殊时段许可排放量。年许可排放量是指允许排污单位连续12个月污染物排放的最大量。地方环境保护主管部门可根据需要将年许可排放量按月进行细化。

对于大气污染物，以排放口为单位确定主要排放口和一般排放口许可排放浓度，以厂界监控点确定无组织许可排放浓度。主要排放口按发酵废气、工艺有机废气、废水处理站废气、危险废物焚烧炉烟气、锅炉烟气分别确定其许可排放量。

对于水污染物，车间或生产设施排放第一类污染物的废水排放口许可排放浓度，废水总排放口许可排放浓度和排放量。

根据国家或地方污染物排放标准确定许可排放浓度。依据总量控制指标及本标准规定的方法从严确定许可排放量，2015 年 1 月 1 日（含）后取得环境影响批复的排污单位，许可排放量还应同时满足环境影响评价文件和批复要求。

总量控制指标包括地方政府或环境保护主管部门发文确定的排污单位总量控制指标、环评批复时的总量控制指标、现有排污许可证中载明的总量控制指标、通过排污权有偿使用和交易确定的总量控制指标等地方政府或环境保护主管部门与排污许可证申领排污单位以一定形式确认的总量控制指标。

排污单位填报许可限值时，应在《排污许可证申请表》中写明申请的许可排放量计算过程。

排污单位申请的许可排放限值严于本标准规定的，应在排污许可证中载明。

5.2.2 许可排放浓度

5.2.2.1 废气

以产排污环节对应的生产设施或排放口为单位，明确各排放口各污染物许可排放浓度。

发酵、工艺有机、废水处理站、罐区、工艺酸碱、工艺含尘、危废暂存等废气中涉及的废气污染物依据 GB 16297、GB 14554 确定许可排放浓度或速率限值。锅炉废气依据 GB 13271 确定许可排放浓度。焚烧危险废物的焚烧炉废气依据 GB 18484 确定许可排放浓度。

大气污染防治重点控制区按照《关于执行大气污染物特别排放限值的公告》与《关于执行大气污染物特别排放限值有关问题的复函》要求执行。其他执行大气污染物特别排放限值的地域范围、时间，由国务院环境保护主管部门或省级人民政府规定。

企业边界无组织排放废气污染物许可排放浓度按照 GB 16297、GB 14554 确定。

地方有更严格的排放标准要求的，按照地方排放标准从严确定许可排放浓度限值。

若执行不同许可排放浓度的多台生产设施或排放口采用混合方式排放废气，且选择的监控位置只能监测混合废气中的大气污染物浓度，则应执行各限值要求中最严格的许可排放浓度。

5.2.2.2 废水

排污单位水污染物依据 GB 21903、GB 21904、GB 21905 确定许可排放浓度。《关于太湖流域执行国家排放标准水污染物特别排放限值时间的公告》及《关于太湖流域执行国家排放标准水污染物特别排放限值区域的公告》中所涉及行政区域的水污染物特别排放限值按其要求执行。其他依法执行特别排放限值的应从其规定。

排污单位向设置污水处理厂的城镇排水系统排放废水时，有毒污染物总镉、烷基汞、六价铬、总砷、总铅、总镍、总汞应在车间或生产设施排放口执行相应的排放限值；其他污染物的排放控制要求由排污单位与城镇污水处理厂根据其污水处理能力商定或执行相关标准，并报当地环境保护主管部门备案。

地方有更严格的排放标准要求的，按照地方排放标准从严确定许可排放浓度限值。

若排污单位的生产设施同时适用于不同排放控制要求或制药行业不同类别国家污染物排放标准，且在生产设施产生的废水混合处理排放的情况下，应执行排放标准中最严格的浓度限值。

5.2.3 许可排放量

5.2.3.1 废气

许可排放量包括年许可排放量和特殊时段的日许可排放量。其中，二氧化硫、氮氧化物、颗粒物的许可排放量以锅炉烟气、危险废物焚烧炉烟气分别进行许可。挥发性有机物的许可排放量以发酵废气、废水处理站废气、工艺有机废气分别进行许可。

1）二氧化硫、氮氧化物、颗粒物的年许可排放量

① 锅炉烟气

执行 GB 13271 的锅炉废气污染物许可排放量依据许可排放浓度限值、基准排气量和燃料用量核定，基准烟气量见表 5。

表 5 锅炉废气基准烟气量取值表

锅炉	热值/（MJ/kg）	基准烟气量
燃煤锅炉（标）/（m³/kg 燃煤）	12.5	6.2
	21	9.9
	25	11.6
燃油锅炉（标）/（m³/kg 燃油）	38	12.2
	40	12.8
	43	13.8
燃气锅炉（标）/（m³/m³）	—	12.3

注 1. 燃用其他热值燃料的，可按照《动力工程师手册》进行计算。

2. 燃用生物质燃料蒸汽锅炉的基准排气量参考燃煤蒸汽锅炉确定，或参考近 3 年排污单位实测的烟气量，或近 1 年连续在线监测的烟气量。

燃煤或燃油锅炉废气污染物许可排放量按公式（1）计算：

$$D=RQC\times10^{-6} \tag{1}$$

燃气锅炉废气污染物许可排放量按公式（2）计算：

$$D=RQC\times10^{-9} \tag{2}$$

式中 D——废气污染物许可排放量，t/a；

R——设计燃料用量，t/a 或 m³/a；

C——废气污染物许可排放浓度限值，mg/m³；

Q——单位质量燃煤/燃油或单位体积天然气基准排气量（标），m³/kg 或 m³/m³。

② 危险废物焚烧烟气

危险废物焚烧烟气污染物许可排放量依据许可排放浓度限值、排气量和年设计操作时数核定，按公式(3) 计算。

$$D = hQC \times 10^{-9} \qquad (3)$$

式中　D——废气污染物年许可排放量，t/a；

　　　h——设计年生产时间，h/a；

　　　Q——排气量（标），m³/h；排放源的排气量以近 3 年实际排气量的均值进行核算，未满 3 年的以实际生产周期的实际排气量的均值进行核算，同时不得超过设计排气量；

　　　C——废气污染物许可排放浓度限值，mg/m³。

2）挥发性有机物的年许可排放量

排污单位发酵废气、废水处理站废气、工艺有机废气等主要排放口中污染物的年许可排放量，应同时满足基于许可排放浓度（速率）和单位产品排放基准绩效两种方法核定的许可排放量。

① 基于许可排放浓度（速率）的年许可排放量

各主要排放口挥发性有机物年许可排放量依据许可排放浓度限值、排气量和年设计操作时数核定，按公式(4) 计算。

$$E_i = hQ_iC_i \times 10^{-9} \qquad (4)$$

式中　E_i——第 i 个排放口废气污染物年许可排放量，t/a；

　　　h——设计年生产时间，h/a；

　　　Q_i——第 i 个排放口排气量（标），m³/h；排放源的排气量以近 3 年实际排气量的均值进行核算，未满 3 年的以实际生产周期的实际排气量均值进行核算，同时不得超过设计排气量；

　　　C_i——第 i 个排放口挥发性有机物许可排放浓度限值（标），mg/m³。

② 基于单位产品排放基准绩效的年许可排放量

各主要排放口挥发性有机物年许可排放量之和，应满足按公式(5) 计算的许可排放量。

$$E = Sa \times 10^{-3} \qquad (5)$$

式中　E——挥发性有机物年许可排放量，t/a；

　　　S——排污单位近 3 年实际产量平均值，未投运或投运不满 1 年的按产能计算，投运满 1 年但未满 3 年的取周期年实际产量平均值，当实际产量平均值超过产能时按产能计算，t/a；

　　　a——每吨产品 VOCs 排放基准绩效限值，按表 6 取值，待《制药工业大气污染物排放标准》颁布后从其规定。

表 6　主要原料药（中间体）VOCs 排放基准绩效限值

单位：kgVOCs/t 产品

适用区域	维生素 C 类	维生素 E 类	青霉素类	咖啡因	头孢类
一般地区	30	100	600	400	25
重点区域	20	70	400	300	18

3）特殊时段许可排放量核算方法

排污单位应按照国家或所在地区人民政府制定的重污染天气应急预案等文件，根据停产、限产等要求，确定特殊时段许可日排放量。排污单位特殊时段许可排放量按公式（6）计算：

$$E_{日许可}=E_{前一年环统日均排放量}\times(1-\alpha) \tag{6}$$

式中　　$E_{日许可}$——排污单位重污染天气应对期间日许可排放量，t；

$E_{前一年环统日均排放量}$——排污单位前一年环境统计实际排放量折算的日均值，t；

α——重污染天气应对期间日产量或排放量减少比例，%。

5.2.3.2　废水

明确排污单位外排化学需氧量、氨氮以及受纳水体环境质量超标且列入 GB 21903、GB 21904、GB 21905 中的其他污染物项目年许可排放量。对于位于《"十三五"生态环境保护规划》及环境保护部正式发布的文件中规定的总磷和总氮总量控制的区域内的排污单位，还应申请总磷、总氮年许可排放量。

1）单独排放

排污单位生产单一产品的，废水中污染物年许可排放量按公式（7）计算：

$$D=SQC\times10^{-6} \tag{7}$$

式中　D——某种水污染物年许可排放量，t/a；

S——排污单位近 3 年实际产量平均值，未投运或投运不满 1 年的按产能计算，投运满 1 年但未满 3 年的取周期年实际产量平均值，当实际产量平均值超过产能时按产能计算，t/a；

Q——单位产品基准排水量，具体见附件 D，地方排放标准中有要求的从其规定，m³/t 产品；

C——水污染物许可排放浓度限值，mg/L。

2）混合排放

排污单位同时生产两种或两种以上产品的，废水中污染物年许可排放量按公式（8）计算：

$$D=C\times\sum_{i}^{n}(Q_iS_i)\times10^{-6} \tag{8}$$

式中　D——某种水污染物年许可排放量，t/a；

C——水污染物许可排放浓度限值，mg/L；

Q_i——单位质量 i 产品工业废水基准排水量，具体见附件 D，地方排放标准中有要求的从其规定，m^3/t；

S_i——第 i 产品近 3 年实际产量平均值，未投运或投运不满 1 年的按产能计算，投运满 1 年但未满 3 年的取周期年实际产量平均值，当实际产量平均值超过产能时按产能计算，t/a；

n——同时生产的产品种数。

6 污染防治可行技术

6.1 一般原则

本标准中所列污染防治可行技术及运行管理要求可作为环境保护主管部门对排污许可证申请材料审核的参考。对于制药工业——原料药制造排污单位采用本标准所列可行技术的，原则上认为具备符合规定的防治污染设施或污染物处理能力。对于未采用本标准所列可行技术的，制药工业——原料药排污单位应当在申请时提供相关证明材料（如提供已有监测数据；对于国内外首次采用的污染治理技术，还应当提供中试数据等说明材料），证明可达到与污染防治可行技术相当的处理能力。

对不属于污染防治可行技术的污染治理技术，排污单位应当加强自行监测、台账记录，评估达标可行性。待制药工业污染防治可行技术指南发布后，从其规定。

6.2 废气

6.2.1 可行技术

1）烟气治理可行技术

执行 GB 13271 的锅炉烟气和 GB 18484 的危险废物焚烧炉烟气治理可行技术见表 7。

表 7 烟气治理可行技术参照表

排放源	污染物项目	可行技术
执行 GB 13271 的锅炉	颗粒物	电除尘、袋式除尘、电袋除尘
	二氧化硫	湿法脱硫(石灰石/石灰-石膏、氨法)、喷雾干燥法脱硫、循环流化床法脱硫
	氮氧化物	低氮燃烧技术(低氮燃烧器、空气分级燃烧、燃料分级燃烧)、选择性催化还原法(SCR)、选择性非催化还原法(SNCR)
	汞及其化合物[①]、烟气黑度	协同处置

续表

排放源	污染物项目	可行技术
执行 GB 18484 的危险废物焚烧炉	烟尘	袋式除尘、电袋除尘
	二氧化硫	湿法脱硫(石灰石/石灰-石膏、氨法)、喷雾干燥法脱硫、循环流化床法脱硫
	氮氧化物	低氮燃烧技术(低氮燃烧器、空气分级燃烧、燃料分级燃烧)、选择性催化还原法(SCR)、选择性非催化还原法(SNCR)
	二噁英	急冷、活性炭/焦吸附、烟道喷入活性炭/焦
	汞及其化合物、烟气黑度	协同处置

① 仅适用于燃煤锅炉。

2）生产过程废气治理可行技术

排污单位生产过程废气治理可行技术参照表 8。

表 8　生产过程废气治理可行技术参照表

废气种类	适用情况	可行技术
工艺含尘废气	特殊原料药(β-内酰胺类抗生素、避孕药、激素类药、抗肿瘤药)生产产生的颗粒物	多级过滤技术
	其他药品生产产生的颗粒物	袋式除尘技术 旋风除尘+袋式除尘技术
工艺有机废气	VOCs 浓度＞2000mg/m³	冷凝回收+吸附再生技术 燃烧处理技术
	1000mg/m³＜VOCs 浓度＜2000mg/m³	吸附+冷凝回收技术 吸收+回收技术燃烧处理技术
	VOCs 浓度＜1000mg/m³	吸附浓缩+燃烧处理技术 洗涤+生物净化技术 氧化技术
发酵废气	抗生素类、维生素类、氨基酸类发酵废气	碱洗+氧化+水洗处理技术 吸附浓缩+燃烧处理技术
工艺酸碱废气	酸性废气	水或碱吸收处理技术
	碱性废气	水或酸吸收处理技术
废水处理站废气、危废暂存废气	臭气浓度＞20000(无量纲)	化学吸收+生物净化+氧化+水洗技术
	10000(无量纲)＜臭气浓度＜20000(无量纲)	化学吸收+水洗技术+生物净化氧化技术
	臭气浓度＜10000(无量纲)	水洗+生物净化技术 氧化技术
沼气	H_2S＞1000mg/m³	湿法化学或生物脱硫+干法脱硫处理技术
	H_2S＜1000mg/m³	干法脱硫处理技术

6.2.2 运行管理要求

6.2.2.1 源头控制

排污单位应优化产品结构，采用先进的生产工艺和设备，提升污染防治水平。尽量使用无毒、无害或低毒、低害的原辅材料，减少有毒、有害原辅材料的使用。积极推广清洁生产新技术，如采用绿色酶法、新型结晶、生物转化等原料药生产新技术，构建新菌种或优化抗生素、维生素、氨基酸等产品的生产菌种，提高产率。

6.2.2.2 有组织排放

有组织废气应进入废气治理设施。环保设施应与其对应的生产工艺设备同步运转，保证在生产工艺设备运行波动情况下仍能正常运转，实现达标排放。产生大气污染物的生产工艺和装置需设立局部或整体气体收集系统和净化处理装置。排污单位应按以下要求监管环保设施运行、操作、维护过程。

1) 由于事故或设备维修等原因造成治理设备停止运行时，应立即报告当地环境保护主管部门。

2) 废水处理站废气、储存罐呼吸气收集、危废暂存废气、治理设备宜采用负压运行方式，对于大气污染物收集、处理、排放装置的正压部分应加强密闭措施。

3) 有组织废气宜分类收集、分类处理或预处理，严禁经污染控制设备处理后的废气与锅炉烟气、焚烧炉烟气及其他未经处理的废气混合后直接排放，严禁经污染控制设备处理后的废气与空气混合后稀释排放。

4) 废气治理设施不允许设置旁路直接排放。如特殊工艺需求设置旁路应向环境保护主管部门报告申请，经同意的，应开展自行监测相关工作。

5) 所有治理设施应制定操作规程，明确各项运行参数，实际运行参数应与操作规程一致。相关运行参数如：a. 冷凝装置排出的不凝尾气的温度应低于尾气中污染物的液化温度，若尾气中有数种污染物，则不凝尾气的温度应低于所有污染物中液化温度最低的污染物的液化温度；b. 吸附装置的吸附剂更换/再生周期、操作温度应满足设计参数的要求；c. 洗涤装置的洗涤液水质（如 pH 值）、水量应满足设计参数的要求；d. 含有机卤素成分挥发性有机物的废气，宜采用非焚烧技术处理；e. 焚烧设施运行过程中要保证系统处于负压状态，避免有害气体溢出。焚烧设施的焚烧效率应大于等于 99.9%，焚烧效率指焚烧炉烟道排出气体中二氧化碳浓度与二氧化碳和一氧化碳浓度之和的百分比。危险废物焚烧炉出口烟气中的氧气含量应为 6%～10%（干气），焚烧炉温度、烟气停留时间等必须满足 GB 18484 中表 2 的要求。

6) 对所有治理设施的计量装置，如 pH 计、密度计、液位计等要定期校验和比对。定期对在线监控设备进行比对校核。对所有机电设备，如风机、泵、电机等要定期检修、维护。

6.2.2.3 无组织排放

无组织排放的运行管理要求按照 GB 14554、GB 16297、GB 18484、《制药工业污染防治技术政策》中的要求执行，待《挥发性有机物无组织排放控制标准》《制药工业大气污染物排放标准》发布后，从其规定。

1）无组织排放节点主要包括原辅材料储存、管网阀门、敞口容器、物料分离、废水处理等。对无组织排放设施应实现废气源密闭化，将其变为有组织排放；建筑物内废气无组织排放源［加料口、卸料口、离心分离、真空泵排气、反应釜（罐）排气、储罐呼吸气等］应采用全空间或局部空间有组织强制通风收集系统；对敞开式恶臭排放源（污水治理设施的调节池、酸化池、好氧池、污泥浓缩池等），应采取覆盖方式进行密闭收集。收集系统在设计时，对高浓度 VOCs 区域应考虑防爆和安全要求。根据恶臭控制要求，按照不同构筑物种类和池型设置密闭系统抽风口和补风口，并配备风阀进行控制。

2）储罐应尽量采用压力罐、内浮顶罐减少无组织排放。所有废气收集系统应采用技术经济合理的密闭方式，具有耐腐、气密性好的特性，同时考虑具备阻燃和抗静电等性能，并结合其他专业设备的运行、维护需要，设置观察口、呼吸阀等设施。

3）工艺过程控制要求：对生产过程动静密封点（阀门、法兰、泵、罐口、接口等）采用泄漏检测与修复（LDAR）技术控制无组织排放。对含 VOCs 物料的输送、储存、投加、转移、卸放、反应、搅拌混合、分离精制、真空、包装等可能产生 VOCs 无组织排放的环节均应密闭并设置收集排气系统，送至 VOCs 回收或净化系统进行处理。

4）设备起停、检修与清洗：载有含 VOCs 物料的设备、管道在开停工（车）、检修、清洗时，应在退料阶段尽量将残存物料退净，用密闭容器盛接，并回收利用；采用水冲洗清洁，高浓度的清洗水优先排到溶剂回收系统；采用蒸汽、惰性气体清洗，应将气体送至 VOCs 回收或净化系统进行处理；吹扫、气体置换时，应将气体送至 VOCs 回收或净化系统进行处理。

5）下列有机废气应接入有机废气回收或处理装置，其大气污染物排放应符合 GB 16297 和 GB 14554 中相应标准限值的规定。①固体废物储存、转运废气；②液体储罐、母液罐呼吸气；③用于含挥发性有机物容器真空保持的真空泵排气；④非正常工况下，生产设备通过安全阀排出的含挥发性有机物的废气；⑤生产装置、设备开停工过程不满足 GB 16297 和 GB 14554 要求的废气；⑥用于输送、储存、处理含挥发性有机物、恶臭物质的生产设施，以及水、大气、固体废物污染控制设施在检维修时清扫气应接入有机废气回收或处理装置，其大气污染物排放应符合 GB 16297 和 GB 14554 中相应标准限值的规定。

6.3 废水

6.3.1 可行技术

排污单位废水处理可行技术参照表 9。

表9　水污染物处理可行技术参照表

分类	废水类别		可行技术
主生产过程排水预处理技术	高含盐废水		蒸发预处理后,冷凝液进入综合废水处理设施
	高氨氮废水		蒸氨预处理后,进入综合废水处理设施
	有生物毒性或难降解废水		氧化或还原预处理后,进入综合废水处理设施
	高悬浮物废水		混凝沉淀或混凝气浮预处理后,进入综合废水处理设施
	高动植物油废水		破乳化、混凝气浮预处理后,进入综合废水处理设施
达标排放或回用处理技术	综合废水	主生产过程排水预处理后的废水	收集输送至综合废水处理站; 预处理:隔油、混凝气浮、混凝沉淀、调节、中和、氧化、还原等; 生化处理:升流式厌氧污泥床(UASB)或厌氧颗粒污泥膨胀床(EGSB)、水解酸化、生物接触氧化法、缺氧/好氧工艺(A/O)、厌氧/缺氧/好氧工艺(A^2/O)等;深度处理:混凝、过滤、高级氧化等; 回用处理:砂滤、超滤(UF)、反渗透(RO)、脱盐、消毒等; 上述工艺串联组合处理后,回用或经总排口达标外排
		地面冲洗废水	
		储罐切水	
		水环真空设备排水	
		生活污水	
		废气处理设施废水	
		中水回用设施排水	
		初期雨水	
		消防废水	
		事故废水	
		循环冷却水排污水	
	余热锅炉排污水		装置内降温后,回用
	蒸馏(加热)设备冷凝水		
	制水排污水		中和后经总排口达标排放

6.3.2　运行管理要求

6.3.2.1　源头控制

废水处理站应加强源头管理、加强对上游装置来水的监测,并通过管理手段控制上游来水水质,满足废水处理站的进水要求。

6.3.2.2　治理设施监测管理

排污单位根据运行管理需要及规范管理要求开展污染治理设施运行效果的监测、分析。定期对在线监控设备进行比对校核。

6.3.2.3　操作规程

所有治理设施应制定操作规程,明确各项运行参数,实际运行参数应与操作规程中的规定一致。记录各处理设施的运行参数,如曝气量、药剂投加量等。

6.3.2.4　治理设施的维护

对所有治理设施的计量装置,如pH计、液位计等要定期校验和比对。对所有机电设备，如风机、泵、电机等要定期检修、维护。

7 自行监测管理要求

7.1 一般原则

排污单位在申请排污许可证时，应按照本标准确定产排污环节、排放口、污染物项目及许可限值的要求制定自行监测方案，并在排污许可证申请表中明确。《排污单位自行监测技术指南 发酵类制药工业》、《排污单位自行监测技术指南 化学合成类制药工业》、《排污单位自行监测技术指南 提取类制药工业》发布后，自行监测方案的制定从其规定。锅炉自行监测按 HJ 820 执行。

2015 年 1 月 1 日（含）后取得环境影响评价批复的排污单位，应根据环境影响评价文件和批复要求同步完善自行监测方案。地方环境保护主管部门可根据实际情况和环境管理需求制定更严格的自行监测管理要求。

7.2 自行监测方案

自行监测方案中应明确排污单位的基本情况、监测点位及示意图、监测污染物项目、执行排放标准及其限值、监测频次、采样和样品保存方法、监测分析方法和仪器、质量保证与质量控制、自行监测信息公开等，其中监测频次为监测周期内至少获取 1 次有效监测数据。对于采用自动监测的排污单位应当如实填报采用自动监测的污染物项目、自动监测系统联网情况、自动监测系统的运行维护情况等；对于未采用自动监测的污染物项目，排污单位应当填报开展手工监测的污染物排放口和监测点位、监测方法、监测频次。

7.3 自行监测要求

7.3.1 一般原则

排污单位可自行或委托第三方监测机构开展监测工作，并安排专人专职对监测数据进行记录、整理、统计和分析。排污单位对监测结果的真实性、准确性、完整性负责。手工监测时生产负荷应不低于本次监测与上一次监测周期内的平均生产负荷。

7.3.2 废气监测

7.3.2.1 有组织废气监测点位、指标及频次

废气直接排放的，应在烟道上设置监测点位；相同监测项目多股废气混合排放的，应分别在各个烟道上或在废气汇合后的混合烟道上设置监测点位；有机废气回收或处理装置应分别在其废气入口及排放口设置监测点位。

排污单位有组织废气监测指标及最低监测频次按表 10 执行。

表 10　有组织废气监测点位、指标及频次

监测点位	监测指标①	监测频次②
发酵废气排气筒	颗粒物、挥发性有机物③	月
	臭气浓度	年
工艺有机废气排气筒	挥发性有机物③	月
	特征污染物④	年
废水处理站废气排气筒	挥发性有机物③	月
	臭气浓度、特征污染物④	年
危险废物焚烧炉烟囱	烟尘、二氧化硫、氮氧化物	自动监测
	烟气黑度、一氧化碳、氯化氢、氟化氢、汞及其化合物、镉及其化合物、(砷、镍及其化合物)、铅及其化合物、(锑、铬、锡、铜、锰及其化合物)	半年
	二噁英类	年
锅炉烟囱	颗粒物、二氧化硫、氮氧化物	自动监测
	汞及其化合物⑤	季度
罐区废气排气筒	挥发性有机物③	季度
	特征污染物④	年
工艺酸碱废气排气筒	特征污染物④	年
工艺含尘废气排气筒	颗粒物	季度
危废暂存废气排气筒	挥发性有机物③	季度
	臭气浓度、特征污染物④	年

　　① 有组织废气监测要同步监测烟气参数。

　　② 设区的市级及以上环境保护主管部门明确要求安装自动监测设备的污染物项目，必须采取自动监测。

　　③ 本标准使用非甲烷总烃作为挥发性有机物排放的综合控制指标，待《制药工业大气污染物排放标准》发布后，从其规定。

　　④ 见 GB 16297、GB 14554 所列污染物，根据环境影响评价文件及其批复等相关环境管理规定，确定具体污染物项目，待《制药工业大气污染物排放标准》发布后，从其规定。地方排放标准中有要求的，从严规定。

　　⑤ 仅适用于燃煤锅炉。

7.3.2.2　无组织废气监测点位、指标及频次

　　无组织废气监测点位按 GB 14554、GB 16297 及 HJ/T 55 执行。无组织废气监测点位、监测指标及最低监测频次按表 11 执行。

表 11　无组织废气排放监测指标及最低监测频次

监测点位	监测指标	监测频次
厂界	挥发性有机物①、臭气浓度、特征污染物②	半年

　　① 本标准使用非甲烷总烃作为企业边界挥发性有机物排放的综合控制指标，待《制药工业大气污染物排放标准》发布后，从其规定。

　　② 见 GB 16297、GB 14554 所列污染物，根据环境影响评价文件及其批复等相关环境管理规定，确定具体污染物项目，待《制药工业大气污染物排放标准》发布后，从其规定。地方排放标准中有要求的，从严规定。

7.3.3 废水监测点位、指标及频次

排污单位废水监测点位、监测指标及最低监测频次按表 12 执行。

表 12　废水排放口监测指标及最低监测频次

监测点位	监测指标[①]		监测频次[②]	
			直接排放	间接排放
排污单位生产废水总排放口	发酵类	pH 值、化学需氧量、氨氮	自动监测	
		总磷	日（自动监测[③]）	月（自动监测[③]）
		总氮	日	月（日[④]）
		悬浮物、色度、总有机碳、五日生化需氧量、总氰化物、总锌、急性毒性（HgCl₂ 毒性当量）	月	季度
	化学合成类	pH 值、化学需氧量、氨氮	自动监测	
		总磷	月（自动监测[③]）	
		总氮	月（日[④]）	
		悬浮物、色度、五日生化需氧量、总有机碳、总氰化物、挥发酚、总铜、硝基苯类、苯胺类、二氯甲烷、总锌、急性毒性（HgCl₂ 毒性当量）	月	季度
		硫化物	季度	半年
	提取类	pH 值、化学需氧量、氨氮	自动监测	
		总磷	日（自动监测[③]）	月（自动监测[③]）
		总氮[④]	日	月（日）
		悬浮物、色度、五日生化需氧量、动植物油、总有机碳、急性毒性（HgCl₂ 毒性当量）	月	季度
生活污水排放口	pH 值、化学需氧量、氨氮		自动监测	
	总磷		月（自动监测[③]）	
	总氮		月（日[④]）	—
	悬浮物、五日生化需氧量、动植物油		月	—
雨水排放口	pH 值、化学需氧量、氨氮		日[⑤]	

① 监测污染物浓度时应同步监测流量。

② 设区的市级及以上环境保护主管部门明确要求安装自动监测设备的污染物项目，必须采取自动监测。

③ 水环境质量中总磷（活性磷酸盐）超标的流域或沿海地区，或总磷实施总量控制区域，总磷必须采取自动监测。

④ 水环境质量中总氮（无机氮）超标的流域或沿海地区，或总氮实施总量控制区域，总氮最低监测频次按日执行，待总氮自动监测技术规范发布后，应进行自动监测。

⑤ 排放期间按日监测。

7.4 监测技术手段

自行监测的技术手段包括手工监测和自动监测。

制药工业——原料药制造排污单位中锅炉烟囱（20t/h 及以上蒸汽锅炉和 14MW 及以上热水锅炉）、危险废物焚烧炉烟囱均应安装颗粒物、二氧化硫、氮氧化物在线自动监控设备。此外，根据《关于加强京津冀高架源污染物自动监控有关问题的通知》中的相关内容，京津冀地区及传输通道城市排放烟囱超过 45m 的高架源应安装污染源自动监控设备。

制药工业——原料药制造排污单位废水总排放口化学需氧量和氨氮应采用自动监测设备监测，鼓励其他排放口及污染物采用自动监测设备监测，无法开展自动监测的，应采用手工监测。

7.5 采样和测定方法

7.5.1 自动监测

废气自动监测参照 HJ/T 75、HJ/T 76 执行。

废水自动监测参照 HJ/T 353、HJ/T 354、HJ/T 355、HJ/T 356 执行。

7.5.2 手工采样

有组织废气手工采样方法的选择参照 GB/T 16157、HJ/T 397、HJ 732 执行。无组织排放采样方法参照 HJ/T 55 执行。

废水手工采样方法的选择参照 HJ 493、HJ 494、HJ 495 和 HJ/T 91 执行。

7.5.3 测定方法

废水、废气污染物的监测按照相应排放标准中规定的污染物浓度测定方法标准执行，国家或地方法律法规等另有规定的，从其规定。

7.6 数据记录要求

监测期间手工监测的记录和自动监测运行维护记录按照 HJ 819 执行。

应同步记录监测期间的生产工况。

7.7 监测质量保证与质量控制

按照 HJ 819 要求，排污单位应根据自行监测方案及开展状况，梳理全过程监测质控要求，建立自行监测质量保证与质量控制体系。

7.8 自行监测信息公开

排污单位应按照 HJ 819 要求进行自行监测信息公开。

8 环境管理台账与排污许可证执行报告编制要求

8.1 环境管理台账记录要求

8.1.1 一般原则

排污单位应建立环境管理台账制度，设置专职人员开展台账记录、整理、维护和管理工作，并对台账记录结果的真实性、准确性、完整性负责。

为便于携带、储存、导出及证明排污许可证执行情况，台账应按照电子化储存和纸质储存两种形式同步管理，保存期限不得少于三年。

排污单位环境管理台账应真实记录生产运行、污染治理设施运行、自行监测和其他环境管理信息。其中记录频次和内容须满足排污许可证环境管理要求。

8.1.2 记录内容与频次

8.1.2.1 主要生产设施运行管理信息

排污单位应定期记录生产运行状况并留档保存，应按批次至少记录以下内容：生产设施、运行状态、投料量、产品产量等。记录内容参见附件 E 中表 E.1。

8.1.2.2 原辅材料、燃料信息

排污单位应记录原辅材料采购量、库存量、出库量、纯度、是否有毒有害等信息。燃料应记录采购情况、燃料物质（元素）占比情况信息，涉及二次能源的需填报二次转化能源。记录内容参见附件 E 中表 E.2 与表 E.3。

8.1.2.3 污染治理设施运行管理信息

废气处理设施记录设施运行参数（包括运行工况等）、污染物排放情况、停运时段、药剂投加时间及投加量等。

废水处理设施包括预处理、综合废水处理、中水回用处理设施三部分，记录每日运行参数（包括运行工况等）、进水水质及水量、回用水量、出水水质及水量、停运时段、药剂投加时间及投加量、污泥含水率、污泥产生量、污泥外运量等。

记录内容参见附件 E 中表 E.4、表 E.5。

8.1.2.4 非正常工况记录信息

应记录锅炉起停时段设施名称、编号、非正常起始时刻、非正常恢复时刻、污染物排放量、排放浓度、事件原因、是否报告等。

记录内容参见附件 E 中表 E.6。

8.1.2.5 监测记录信息

排污单位应建立污染治理设施运行管理监测记录，记录、台账的形式和质量控制参照 HJ/T 373、HJ 819 等相关要求执行。

记录内容参见附件 E 中表 E.7、表 E.8。

8.1.2.6 其他环境管理信息

排污单位应记录重污染天气应对期间等特殊时段管理要求、执行情况（包括特殊时段生产设施和污染治理设施运行管理信息）等。重污染天气应对期间等特殊时段的台账记录要求与正常生产记录频次要求一致，每天进行 1 次记录，地方环境保护主管部门有特殊要求的，从其规定。

排污单位还应根据环境管理要求和排污单位自行监测记录内容需求，进行增补记录。

8.2 排污许可证执行报告编制规范

8.2.1 一般原则

排污许可证执行报告按报告周期分为年度执行报告、季度执行报告和月度执行报告。持有排污许可证的原料药制造排污单位，均应按照本标准规定提交年度执行报告与季度执行报告。地方环境保护主管部门有更高要求的，排污单位还应根据其规定，提交月度执行报告。排污单位应在全国排污许可证管理信息平台上按时填报并提交执行报告，同时向有核发权的环境保护主管部门提交通过平台生成的书面执行报告。

8.2.2 报告频次

8.2.2.1 年度执行报告

排污单位应每年上报一次排污许可证年度执行报告，于次年一月底前提交至排污许可证核发机关。对于持证时间不足三个月的，当年可不上报年度执行报告，排污许可证执行情况纳入下一年年度执行报告。

8.2.2.2 季度/月度执行报告

排污单位每季度/月度上报一次排污许可证季度/月度执行报告，于下一周期首月十五日前提交至排污许可证核发机关，提交季度执行报告或年度执行报告时，可免报当月月度执行报告。对于持证时间不足十天的，该报告周期内可不上报月度执行报告，排污许可证执行情况纳入下一月度执行报告。对于持证时间不足一个月的，该报告周期内可不上报季度执行报告，排污许可证执行情况纳入下一季度执行报告。

8.2.3 报告内容

8.2.3.1 年度执行报告

年度执行报告内容应包括：

① 基本生产信息；

② 遵守法律法规情况；

③ 污染防治设施运行情况；

④ 自行监测情况；

⑤ 台账管理情况；

⑥ 实际排放情况及合规判定分析；

⑦ 排污费（环境保护税）缴纳情况；

⑧ 信息公开情况；

⑨ 排污单位内部环境管理体系建设与运行情况；

⑩ 其他排污许可证规定的内容执行情况；

⑪ 其他需要说明的问题；

⑫ 结论；

⑬ 附图、附件要求。

具体内容参见附件 F。

8.2.3.2　月度/季度执行报告

月度/季度执行报告应至少包括年度执行报告 f 部分中主要污染物的实际排放量核算信息、合规判定分析说明及 c 部分中不合规排放或污染防治设施故障情况及采取的措施说明等。

9　实际排放量核算方法

9.1　一般原则

排污单位应该核算废气污染物有组织实际排放量和废水污染物实际排放量，核算方法包括实测法、物料衡算法、产排污系数法等。

排污许可证要求应采用自动监测的污染物项目，根据符合监测规范的有效自动监测数据采用实测法核算实际排放量。

对于排污许可证中载明要求应当采用自动监测的排放口或污染物项目而未采用的，按直排核算排放量。采用物料衡算法核算二氧化硫排放量，根据燃料消耗量、含硫率进行核算；采用产排污系数法核算颗粒物、氮氧化物、化学需氧量、氨氮的排放量，根据单位产品污染物的产生量进行核算。地方环境保护主管部门要求核算全厂挥发性有机物排放量的，可参照附件 G 进行核算。

对于排污许可证未要求采用自动监测的污染物项目，按照优先顺序依次选取自动监测数据、执法和手工监测数据核算实际排放量。若同一时段的手工监测数据与执法监测数据不一致，以执法监测数据为准。监测数据应符合国家环境监测相关标准技术规范要求。

9.2　废气

9.2.1　用自动监测数据核算

有组织废气主要排放口具有连续监测数据的污染物，按公式（9）计算实际排放量。

$$E_j = \sum_{i=1}^{T}(C_{i,j}Q_i) \times 10^{-9} \tag{9}$$

式中　E_j——核算时段内主要排放口第 j 项污染物的实际排放量，t；

$C_{i,j}$——第 j 项污染物在第 i 小时的实测平均排放浓度，mg/m³；

Q_i——第 i 小时的标准状态下干排气量，m³/h；

T——核算时段内的污染物排放时间，h。

对于因自动监控设施发生故障以及其他情况导致监测数据缺失的，按 HJ/T 75 进行补遗。缺失时段超过 25％的自动监测数据不能作为实际排放量的依据，实际排放量"按照要求采用自动监测的排放口或污染因子而未采用"的相关规定进行计算。

排污单位提供充分证据证明在线数据缺失、数据异常等不是排污单位责任的，可按照排污单位提供的手工监测数据等核算实际排放量，或者按照上一季度申报期间的稳定运行期间自动监测数据的小时浓度均值和季度平均烟气量或流量，核算数据缺失时段的实际排放量。

9.2.2 采用手工监测数据核算

采用手工监测实测法应根据每次手工监测时段内每小时污染物的平均排放浓度、平均排气量、运行时间核算污染物排放量按公式(10) 计算。

$$E_j = \sum_{i=1}^{n}(C_{i,j}Q_iT) \times 10^{-9} \tag{10}$$

式中　E_j——核算时段内主要排放口第 j 项污染物的实际排放量，t；

$C_{i,j}$——第 j 项污染物在第 i 监测频次时段的实测平均排放浓度，mg/m³；

Q_i——第 i 次监测频次时段的实测标准状态下平均干排气量，m³/h；

T——第 i 次监测频次时段内，污染物排放时间，h；

n——核算时段内实际监测频次，但不得低于最低监测频次，次。

手工监测包括排污单位自行手工监测和执法监测，同一时段的手工监测数据与执法监测数据不一致，以执法监测数据为准。

排污单位应将手工监测时段内生产负荷与核算时段内平均生产负荷进行对比，并给出对比结果。

9.3　废水

9.3.1　采用自动监测数据核算

废水总排放口具有连续自动监测数据的污染物实际排放量按公式(11) 计算。

$$E_j = \sum_{i=1}^{T}(C_{i,j}Q_i) \times 10^{-6} \tag{11}$$

式中　E_j——核算时段内主要排放口第 j 项污染物的实际排放量，t；

$C_{i,j}$——第 j 项污染物在第 i 天的实测平均排放浓度，mg/L；

Q_i——第 i 日的流量，m³/d；

T——核算时段内的污染物排放时间，d。

在自动监测数据由于某种原因出现中断或其他情况，可根据 HJ/T 356 进行排放量补遗。

要求采用自动监测的排放口或污染物项目而未采用的，采用产排污系数法核算化学需氧量、氨氮排放量，且均按直排进行核算。

9.3.2 采用手工监测数据核算

废水总排放口具有手工监测数据的污染物实际排放量按公式(12)计算。

$$E_j = \sum_{i=1}^{n} (C_{i,j} Q_i T) \times 10^{-6} \tag{12}$$

式中 E_j——核算时段内主要排放口第 j 项污染物的实际排放量，t；

    $C_{i,j}$——第 i 监测频次时段内第 j 项污染物实测平均排放浓度，mg/L；

    Q_i——第 i 监测频次时段内，采样当日的平均流量，m^3/d；

    T——第 i 监测频次时段内，污染物排放时间，d；

    n——实际监测频次，但不得低于最低监测频次，次。

排污单位应将手工监测时段内生产负荷与核算时段内平均生产负荷进行对比，并给出对比结果。

10 合规判定方法

10.1 一般原则

合规是指排污单位许可事项和环境管理要求符合排污许可证规定。许可事项合规是指排污单位排污口位置和数量、排放方式、排放去向、排放污染物种类、排放限值符合许可证规定。其中，排放限值合规是指排污单位污染物实际排放浓度和排放量满足许可排放限值要求；环境管理要求合规是指排污单位按许可证规定落实自行监测、台账记录、执行报告、信息公开等环境管理要求。

排污单位可通过台账记录、按时上报执行报告和开展自行监测、信息公开，自证其依证排污，满足排污许可证要求。环境保护主管部门可依据排污单位环境管理台账、执行报告、自行监测记录中的内容，判断其污染物排放浓度和排放量是否满足许可排放限值要求，也可通过执法监测判断其污染物排放浓度是否满足许可排放限值要求。

10.2 排放限值合规判定

10.2.1 废气排放浓度合规判定

10.2.1.1 正常情况

排污单位废气有组织排放口中，氨和硫化氢的排放速率合规是指"任一速率均值均满足许可限值要求"、臭气浓度一次均值合规是指"任一次测定值满足许可浓度要求"、二噁英排放浓度合规是指"不少于两小时浓度均值满足许可浓度要求"。除上述情形外，其余废气有组织排放口污染物和无组织排放污染物排放浓度合规是指"任一小时浓度均值均满足许可排放浓度要求"。其中，废气污染物小时浓度均值根据执法监测、自行监测（包括自动监测和手工监测）进行确定。

1）执法监测

按照监测规范要求获取的执法监测数据超标的即视为不合规。根据 GB 16157、HJ/T 397、HJ/T 55 确定监测要求。

2）自行监测

① 自动监测

按照监测规范要求获取的有效自动监测数据计算得到的有效小时浓度均值（除二噁英外）与许可排放浓度限值进行对比，超过许可排放浓度限值的，即视为超标。对于应当采用自动监测而未采用的排放口或污染物项目，即认为不合规。自动监测小时均值是指"整点 1 小时内不少于 45 分钟的有效数据的算术平均值"。

② 手工监测

对于未要求采用自动监测的排放口或污染物项目，应进行手工监测，按照自行监测方案、监测规范要求获取的监测数据计算得到的有效小时浓度均值超标的，即视为超标。

③ 若同一时段的执法监测数据与排污单位自行监测数据不一致，执法监测数据符合法定的监测标准和监测方法的，以该执法监测数据为准。

10.2.1.2 非正常情况

排污单位非正常排放指燃煤锅炉启停机情况下的排放。

排污单位中，对于采用脱硝措施的燃煤锅炉，冷启动 1h、热启动 0.5h 不作为氮氧化物合规判定时段。

10.2.2 废水排放浓度合规判定

排污单位各废水排放口污染物的排放浓度合规是指"任一有效日均值（pH 值、色度、急性毒性以一次有效数据值）均满足许可排放浓度要求"。

1）执法监测

按照监测规范要求获取的执法监测数据超标的，即视为超标。根据 HJ/T 91 确定监测要求。

2）自行监测

① 自动监测

按照监测规范要求获取的自动监测数据计算得到有效日均浓度值（除 pH 值、色度、急性毒性外）与许可排放浓度限值进行对比，超过许可排放浓度限值的，即视为超标；pH 值、色度、急性毒性以一次有效数据出现超标的，即视为超标。对于应当采用自动监测而未采用的排放口或污染物项目，即认为不合规。

对于自动监测，有效日均浓度是对应于以每日为一个监测周期内获得的某个污染物的多个有效监测数据的平均值。在同时监测废水排放流量的情况下，有效日均值是以流量为权重的某个污染物的有效监测数据的加权平均值；在未监测废水排放流量的情况下，有效日均值是某个污染物的有效监测数据的算术平均值。

自动监测的有效日均浓度应根据 HJ/T 355 和 HJ/T 356 等相关文件确定。

② 手工监测

手工监测按照自行监测方案、监测规范进行，当日各次监测数据平均值或当日混合样监测数据超标的，即视为超标；pH 值、色度、急性毒性以一次有效数据出现超标的，即视为超标。

3）若同一时段的执法监测数据与排污单位自行监测数据不一致，执法监测数据符合法定的监测标准和监测方法的，以该执法监测数据为准。

10.2.3 排放量合规判定

排污单位污染物排放量合规是指：

① 废气各类主要排放口污染物年实际排放量满足各类主要排放口年许可排放量要求；

② 对于特殊时段有许可排放量要求的，实际排放量不得超过特殊时段许可排放量；

③ 废水总排放口污染物实际排放量满足年许可排放量要求。

对于排污单位燃煤锅炉启停机情况下的非正常排放，应通过加强正常运营时污染物排放管理、减少污染物排放量的方式，确保污染物实际年排放量满足许可排放量要求。

10.3 管理要求合规判定

环境保护主管部门依据排污许可证中的管理要求，以及相关技术规范，审核环境管理台账记录和许可证执行报告；检查排污单位是否按照自行监测方案开展自行监测；是否按照排污许可证中环境管理台账记录要求记录相关内容，记录频次、形式等是否满足许可证要求；是否按照许可证中执行报告要求定期上报，上报内容是否符合要求等；是否按照许可证要求定期开展信息公开；是否满足特殊时段污染防治要求。

附件 A
（资料性附录）
原料药制造产品名称

包括抗感染类药物、解热镇痛类药物、维生素类、计划生育及激素类药物、抗肿瘤类药物、心血管类药物、中枢神经系统药物、消化系统药物、中间体、酶及其他等门类。

1. 抗感染类药物：青霉素钾、青霉素钠、普鲁卡因青霉素、普鲁卡因青霉素钠、苄星青霉素、青霉素 V 钾、苯唑西林钠、氯唑西林钠、氯咪唑青霉素、氨苄西林钠、氨苄西林、阿莫西林、阿莫西林钠、羧苄西林钠、呋布西林钠、哌拉西林钠、双氯西林钠、磺苄西林钠、美洛西林钠、阿洛西林钠、仑氨西林、氟氯西林钠、替卡西林钠克拉维酸钾、替卡西林钠、哌拉西林、头孢氨苄、头孢唑林钠、头孢氢氨苄、头孢拉定、头孢呋辛钠、头孢呋辛酯、头孢克洛、头孢噻肟钠、头孢曲松钠、头孢哌酮钠、头孢他啶、头孢克肟、头孢泊肟酯、头孢地嗪钠、头孢硫脒、头孢孟多酯钠、头孢唑肟钠、头孢尼西钠、头孢他美酯、头孢地尼、头孢替呋、头孢替唑钠、头孢哌酮钠舒巴坦钠、头孢替安碳酸钠、头孢匹胺、盐酸头孢吡肟、硫酸头孢匹罗、头孢丙烯、头孢米诺钠、头孢西丁钠、头孢匹罗碳酸钠、盐酸头孢吡肟/L-精氨酸、头孢哌酮、头孢美唑钠、头孢拉定/L-精氨酸、拉氧头孢钠、头孢西酮钠、头孢替安、硫酸头孢噻利、五水头孢唑林钠、舒巴坦钠、舒他西林（注射用）、阿莫西林克拉维酸钾、克拉维酸钾（棒酸钾）、氨曲南、美罗培南、舒巴坦匹酯、托西酸舒他西林、克拉维酸钾二氧化硅、克拉维酸钾微晶纤维素、比阿培南、阿莫西林钠克拉维酸钾、阿莫西林克拉维酸钾二氧化硅、阿莫西林钠舒巴坦钠、氨曲南/精氨酸、法罗培南钠、厄他培南钠、单硫酸卡那霉素、阿米卡星、核糖霉素、妥布霉素、庆大霉素、西索米星、奈替米星、小诺米星、异帕米星、盐酸大观霉素、硫酸大观霉素、新霉素、巴龙霉素、盐酸春雷霉素、硫酸阿米卡星、盐酸四环素、土霉素、盐酸土霉素、注射级土霉素盐、盐酸多西环素、盐酸米诺环素、金霉素、胍甲环素、地美环素、注射级土霉素碱、替加环素、氯霉素、甲砜霉素、红霉素、乳糖酸红霉素、依托红霉素、硬脂酸红霉素、硫氰酸红霉素、琥乙红霉素、罗红霉素、克拉霉素、阿奇霉素、乳糖酸阿奇霉素、地红霉素、吉他霉素、酒石酸柱晶白霉素、螺旋霉素、己二酸螺旋霉素、螺旋霉素扑酸盐、乙酰螺旋霉素、恩波酸螺旋霉素、马来酸阿奇霉素、乙酰吉他霉素、盐酸阿奇霉素、万古霉素、去甲万古霉素、林可霉素、克林霉素、克林霉素磷酸酯、磷霉素钙、磷霉素钠、磷霉素氨丁三醇、混旋磷霉素钙、替考拉宁、那他霉素、杆菌肽、克林霉素棕榈酸酯、磷霉素钠枸橼酸、磺胺嘧啶、磺胺嘧啶钠、磺胺二甲嘧啶、磺胺二甲嘧啶钠、磺胺甲噁唑、磺胺多辛、磺胺地索辛、磺胺地索辛钠、柳氮磺吡啶、硫胺嘧啶银、甲氧苄啶、地喹氯铵、吡哌酸、左氧氟沙星、甲磺酸左氧氟沙星、乳酸左氧氟沙星、盐酸环丙沙星、乳酸环丙沙星、依诺沙星、洛美沙星、氟罗沙星、甲磺酸帕珠沙星、甲苯磺酸妥舒沙星、巴洛沙星、盐酸左氧氟沙星、盐酸莫西沙星、异烟肼、帕司烟肼、对氨基水杨酸钠、利福平、利福喷丁、硫酸链霉素、双氢链霉素、乙胺丁醇、丙硫异烟胺、卷曲霉素、两性霉素B、咪康唑、酮康唑、氟康唑、克霉唑、益康唑、伊曲康唑、特比萘芬、灰黄霉素、制霉菌素、联苯苄唑、伊迈唑盐、利拉萘酯、伏立康唑、硝酸布康唑、阿昔洛韦、更昔洛韦、盐酸伐昔洛韦、泛昔洛韦、齐多夫定、拉米夫定、司他夫定、奈韦拉平、膦甲酸钠、金刚烷胺、金刚乙胺、吗啉胍、依法韦仑、阿德福韦酯、盐酸阿比多尔、单磷酸阿糖腺苷、盐酸缬更昔洛韦、更昔洛韦钠、恩替卡韦、马来酸恩替卡韦、喷昔洛韦、恩夫韦肽、富马酸替诺福韦二吡呋酯、盐酸小檗碱、鱼腥草素钠、穿琥宁、炎琥宁、苦参碱、苦参素、苦参总碱、苦豆子总碱、三唑巴坦、聚甲酚磺醛、夫西地酸钠等。

2. 解热镇痛类药物：阿司匹林、阿司匹林赖氨酸盐、淀粉阿司匹林、水杨酸钠、对乙酰氨基酚、贝诺酯、非那西丁、安替比林、异丙基安替比林、氨基比林、安乃近、安乃近镁盐、保泰松、淀粉安乃近、乙酰水杨酸锌、对乙酰氨基酚颗粒、联苯乙酸、安乃近颗粒、赖氨匹林甘氨酸混粉、盐酸丙帕他莫、曲马多、氢溴酸高乌甲素、布桂嗪、汉防己甲素、马来酸氟吡汀、吲哚美辛、阿西美辛、吡罗昔康、美洛昔康、氯诺昔康、塞来昔布、尼美舒利、醋氯芬酸、舒林酸、酮洛酸氨丁三醇、萘普生、布洛芬、酮洛芬、芬不芬、萘丁美酮、丹皮酚、洛索洛芬钠、萘普生钠、呱西替柳、艾瑞昔布、依托度酸、丙磺舒、别嘌醇、苯溴马隆、氯屈膦酸二钠、帕米膦酸二钠、阿仑膦酸钠、伊班膦酸钠、唑来膦酸、硫酸氨基葡萄糖钾、玻璃酸钠、依替膦酸二钠等。

3. 维生素类：维生素A、维生素A粉、维生素D_2、阿法骨化醇、维生素B_1、呋喃硫胺、盐酸呋喃硫胺、维生素B_2、维生素B_2磷酸钠、烟酸、烟酰胺、维生素B_6、维生素B_{12}、腺苷钴胺、盐酸羟钴胺、甲钴胺、泛酸钠、右泛醇、维生素C、维生素C钠、维生素C钙、维生素C颗粒、维生素C磷酸酯、维生素E、维生素E粉、天然维生素E、维生素K_1、甲萘醌、叶酸、芦丁、维生素U、维生素、维生素C细粉、天然维生素E粉等。

4. 计划生育及激素类药物：可的松、氢化可的松、氢化可的松琥珀酸钠、丁酸氢化可的松、泼尼松、泼尼松龙、泼尼松龙磷酸钠、甲泼尼龙、琥珀酸甲泼尼龙、6-甲基泼尼松龙琥珀酸酯、曲安西龙、曲安奈德、糠酸莫米松、地塞米松、醋酸地塞米松、地塞米松磷酸钠、倍他米松、倍他米松磷酸钠、氟轻松、醋酸氟轻松、地塞米松棕榈酸酯、促皮质素、甲睾酮、去氢甲睾酮、十一酸睾酮、达那唑、枸橼酸西地那非、雌二醇、戊酸雌二醇、炔雌醇、雌酚酮、盐酸雷洛昔芬、普罗雌烯、烯丙雌醇、黄体酮、甲羟孕酮、环丙孕酮、屈螺酮、绒膜促性素、尿促性素、炔诺酮、醋炔诺酮、炔诺孕酮、左炔诺孕酮、甲地孕酮、孕二烯酮、米非司酮、卡前列甲酯、缩宫素、胰岛素、苯乙双胍、二甲双胍、格列本脲、格列喹酮、格列美脲、瑞格列奈、吡格列酮、阿卡波糖、伏格列波糖、依帕司他、那格列奈、米格列醇、米格列奈钙、甲状腺粉、鲑降钙素、甲硫氧嘧啶、丙硫氧嘧啶、碘酸钾、依立雄胺、生长抑素等。

5. 抗肿瘤类药物：氮芥、环磷酰胺、异环磷酰胺、卡莫司汀、白消安、甲氨蝶呤、氟尿嘧啶、替加氟、羟基脲、盐酸吉西他滨、卡培他滨、榄香烯、卡莫氟、恩曲他滨、地西他滨、博来霉素、柔红霉素、多柔比星、表柔比星、丝裂霉素、硫酸长春碱、硫酸长春新碱、硫酸长春地辛、长春瑞滨、酒石酸长春瑞滨、依托泊甙、替尼泊甙、马蔺子素、紫杉醇、多西他赛、云芝胞内糖肽、甘草酸单铵盐A、甘草酸单铵盐S、白藜芦醇、氟他胺、来曲唑、枸橼酸托瑞米芬、比卡鲁胺、依西美坦、米托蒽醌、磷酸氟达拉滨、顺铂、卡铂、尿嘧啶、奥沙利铂、盐酸伊立替康、去甲斑蝥素、奈达铂、替莫唑胺、氨磷汀、培美曲塞二钠、左亚叶酸钙、雷替曲塞、培门冬酶溶液、右丙亚胺、奥替拉西甲、吉美嘧啶、甲磺酸阿帕替尼、甲磺酸伊马替尼、达沙替尼、环孢素、他克莫司、甘露聚糖肽、西罗莫司、匹多莫德、沙利度胺、胸腺五肽、吗替麦考酚酯、乌苯美司、胸腺法新、银耳孢糖、咪唑立宾等。

6. 心血管类药物：去乙酰毛花甙丙、氨力农、米力农、普萘洛尔、盐酸美西律、盐酸维拉帕米、胺碘酮、马来酸噻吗洛尔、阿替洛尔、酒石酸美托洛尔、塞利洛尔、卡维地洛、腺苷、富马酸伊布利特、硝酸甘油、戊四硝酯、硝酸异山梨酯、单硝酸异山梨酯、硝苯地平、尼群地平、尼莫地平、依拉地平、苯磺酸氨氯地平、非洛地平、双嘧达莫、尼可地尔、丹参酮ⅡA磺酸钠、人参皂苷、三七总皂苷、银杏叶提取物、曲美他嗪、马来酸左旋氨氯地平、二丁酰环磷酸腺苷钙、L-门冬氨酸氨氯地平、拉西地平、马来酸桂哌齐特、苯磺酸左旋氨氯地平、地巴唑、双肼屈嗪、硝普钠、特拉唑嗪、哌唑嗪、米诺地尔、盐酸可乐定、盐酸拉贝洛尔、吲达帕胺、喹那普利、贝那普利、卡托普利、马来酸依那普利、缬沙坦、硫酸胍生、替米沙坦、萘哌地尔、乌拉地尔、坎地沙坦酯、奥美沙坦酯、盐酸奈必洛尔、富马酸比索洛尔、肾上腺素、重酒石酸去甲肾上腺素、果糖二磷酸钠、重酒石酸间羟胺、盐酸多巴胺、多巴酚丁胺、盐酸酚苄明、羟苯磺酸钙、桂利嗪、氟桂利嗪、己酮可可碱、磷酸川芎嗪、川芎嗪、盐酸托哌酮、倍他司汀、长春西汀、酚妥拉明、甲磺酸酚妥拉明、灯盏细辛、曲克芦丁、烟酸占替诺、胰激肽原酶、阿加曲班、培丙酯、盐酸法舒地尔、亚油酸、亚油酸乙酯、阿西莫司、氯被酸铝、苯扎贝特、非诺贝特、橙皮甙、甲基橙皮甙、降脂宁、洛伐他汀、普伐他汀钠、辛伐他汀、氟伐他汀、美伐他汀、阿托伐他汀钙、普罗布考、匹伐他汀钙、瑞舒伐他汀钙、蜂蜡素、地奥司明、磷酸肌酸钠等。

7. 中枢神经系统药物：咖啡因、尼可刹米、洛贝林、甲氯芬酯、醋谷胺、吡硫醇、胞磷胆碱钠、多沙普仑、巴比妥、异戊巴比妥、苯巴比妥、咪达唑仑、佐匹克隆、天麻素、天麻密环菌粉、溴化钠、扎来普隆、枸橼酸芬太尼、盐酸瑞芬太尼、枸橼酸舒芬太尼、马来酸咪达唑仑、盐酸右美托咪定、苯海索、左旋多巴、富马酸喹硫平、氯丙嗪、奋乃静、归氟奋乃静、舒必利、硫必利、氯氮平、五氟利多、阿立哌唑、利培酮、盐酸齐拉西酮、甲磺酸齐拉西酮、奥氮平、氯氮卓、溴西泮、地西泮、硝西泮、氯硝西泮、劳拉西泮、艾司唑仑、阿普唑仑、丁螺环酮、甲丙氨酯、丙咪嗪、氯米帕明、阿米替林、马普替林、氟西汀、帕罗西汀、舍曲林、碳酸锂、甲磺酸瑞波西汀、氢溴酸西酞普兰、盐酸文拉法辛、盐酸托莫西汀、草酸艾司西酞普兰、米氮平、盐酸安非他酮、盐酸度洛西汀、卡马西平、奥卡西平、丙戊酸钠、扑米酮、细辛脑、加巴喷丁、磷苯妥英钠、利鲁唑、盐酸多奈哌齐、吡拉西坦、奥拉西坦、茴拉西坦、二甲磺酸阿米三嗪、依达拉奉、甲硫酸新斯的明、溴吡斯的明、加兰他敏、氯唑沙宗、单唾液酸四己糖神经节苷脂钠等。

8. 消化系统药物：碳酸氢钠、注射碳酸氢钠、三硅酸镁、氢氧化铝、氢氧化镁、碳酸钙、重质碳酸镁、铝酸铋、西咪替丁、尼扎替丁、奥美拉唑、兰索拉唑、泮托拉唑钠、雷贝拉唑钠、丙谷胺、枸橼酸铋钾、胶体果酸铋、硫糖铝、猴头菌粉、曲昔匹特、拉呋替丁、奥美拉唑钠、瑞巴派特、埃索美拉唑镁、埃索美拉唑钠、阿托品、氢溴酸莨菪碱、间溴三酚、消旋山莨菪碱、甲氧氯普胺、盐酸昂丹司琼、盐酸格拉司琼、托烷司琼、伊托必利、枸橼酸莫沙必利、盐酸帕洛诺司琼、硫酸镁、地芬诺酯、鞣酸蛋白、碱式碳酸铋、消旋卡多曲、聚卡波非钙、蒙脱石、葡醛内酯、肌醇、水飞蓟宾、硫普罗宁、氨酪酸、硫辛酸、联苯双酯、马洛替酯、双环醇、叶绿酸铜钠、二氯醋酸二异丙胺、黄芩苷、重酒石酸胆碱、脱氧核苷酸钠、异甘草酸镁、拉克替醇、多烯磷脂酰胆碱、虫草被孢菌粉、甘草酸二胺、亮菌甲素、葫芦素、熊去氧胆酸、羟甲香豆素、卡尼汀、左卡尼汀、左卡尼汀酒石酸盐、乙酰左卡尼汀、乳酸菌素、左卡尼汀富马酸盐、地衣芽孢杆菌粉、奥利司他、甲磺酸加贝酯、奥沙拉嗪钠、甘草酸二钾、二甲硅油、醋酸奥曲肽、美他多辛、美沙拉嗪等。

9. 中间体：异辛酸钠、左旋咪唑碱、洛索洛芬酸、汉防己甲素粗品、7-ACT、磷霉素顺酸、四氮唑、氨苄三水酸、阿奇霉素粗品、左磷右胺盐、7-AVCA、醋酸可的松、氯吡格雷、头孢替唑酸、螺旋霉素碱、吉西他滨碱、齐多夫定粗品、头孢哌酮酸、7-ADCA、头孢美唑酸、头孢唑林酸、氯磺酰异氰酸酯、替卡西林钠粗品、格拉司琼碱、头孢吡肟盐酸盐、盐酸头孢替安粗品、左舒必利、粗茶碱、缬沙坦粗品、头孢曲松粗盐、硫氰酸红霉素、头孢噻肟酸、青霉素工业盐、替米沙坦钠盐、坎地沙坦环合物、红霉素肟、6-APA、头孢西丁酸、GCLE、D-7ACA、头孢呋辛酸、头孢噻吩酸、山梨醇、二氯喹啉、美洛培南粗品、哌拉西林酸、7-ACA 等。

10. 酶及其他：玻璃酸酶、糜蛋白酶、胰蛋白酶、辅酶 Q10、溶菌酶、甘氨酸、苏氨酸、缬氨酸、亮氨酸、异亮氨酸、精氨酸、盐酸精氨酸、谷氨酸、谷氨酸钠、盐酸赖氨酸、醋酸赖氨酸、胱氨酸、半胱氨酸、盐酸半胱氨酸、苯丙氨酸、丙氨酸、酪氨酸、脯氨酸、色氨酸、蛋氨酸、门冬氨酸、丝氨酸、丙氨酰谷氨酰胺、门冬氨酸钙、甘氨酰酪氨酸、甘氨酰谷氨酰胺、盐酸鸟氨酸、消旋羟蛋氨酸钙、酮亮氨酸钙、消旋酮异亮氨酸钙、酮缬氨酸钙、酮苯丙氨酸钙、乙酰酪氨酸、谷氨酰胺、N(2)-L-丙氨酰-L-谷氨酰胺、卵磷脂、精致豆磷脂、胆酸钠、乌斯他汀、人工牛黄、发酵虫草菌粉等。

附件 B
（资料性附录）
主要生产设施名称

主要工艺	主要生产设施
配料	配料罐、混合罐、其他
发酵	种子罐、发酵罐、补料罐、培养罐、空气过滤器、补料泵、旋风分离器、其他
反应	反应釜、酶促反应罐、缩合罐、裂解罐、真空泵、其他
分离	离心机、板框压滤机、转鼓过滤机、膜过滤机、真空泵、其他
提取	酸化罐、吸附塔、液贮罐、结晶罐、转化罐、滤液罐、结晶冷凝器、液液离心机、静态混合器、抽提罐、稀硫酸输送泵、滤液输送泵、脱色液输送泵、计量罐、待滤罐、脱色中间罐、脱色循环泵、配制罐、浸提设备、其他
精制	结晶罐、脱色罐、芬特过滤机、溶解罐、其他
干燥	干燥塔、真空泵、真空干燥器、双锥干燥器、沸腾床、三合一装置、二合一装置、真空安全罐、热水罐、热水泵、干燥加热器、干燥冷凝器、喷干塔、菌渣干燥机、其他
成品	磨粉机、分装机、混粉机、振荡筛、粉尘捕集器、封口机、造粒机、整粒机、真空上料机、其他
溶剂回收	精馏塔、蒸馏釜、再沸器、预热器、物料输送泵、冷凝器、真空泵、其他
物料存储系统	罐区（常压罐、固定顶罐、浮顶罐、锥顶罐、拱顶罐）、原料库房、成品库房、其他
输送系统	槽车、鹤管、其他
纯水制备系统	砂滤装置、保安过滤装置、超滤装置、反渗透装置、离子交换装置、其他
供热系统	锅炉、水源热泵、其他
事故应急处理系统	事故池、围堰、消防废水池、其他
废水处理系统	隔油池、混凝沉淀池、混凝气浮池、调节池、中和池、铁炭微电解反应器、升流式厌氧污泥床（UASB）、厌氧颗粒污泥膨胀床（EGSB）、厌氧流化床（AFB）、复合式厌氧污泥床（UBF）、厌氧内循环反应器（IC）、水解酸化池、折流板反应器（ABR）两相厌氧、厌氧氨氧化池、吸附再生池（AB）、序批式间歇曝气活性污泥池（SBR）周期循环活性污泥池（CASS,CAST）、间歇式循环延时曝气活性污泥池（ICEAS）一体化活性污泥池（UNITANK）、氧化沟、生物流化床、膜生物反应器（MBR）、曝气生物滤池（BAF）、接触氧化池、传统硝化反硝化池（AO）、短程硝化反硝化池、同时硝化反硝化池、中间池、污泥浓缩池、污泥脱水间、污泥暂存间、污泥脱水机、风机、泵、其他
废气处理系统	吸附罐、吸附箱、吸收塔、生物滴滤塔、催化燃烧器、三电场静电除尘、四电场静电除尘、五电场静电除尘；玻纤袋式除尘、聚酯袋式除尘、诺梅克斯袋式除尘、聚酰亚胺袋式除尘、聚四氟乙烯袋式除尘、覆膜滤料袋式除尘；电袋复合除尘、石灰石/石灰-石膏湿法脱硫、双碱法脱硫、氨法脱硫、氧化镁法脱硫、循环流化床脱硫、旋转喷雾脱硫、低氮燃烧、SNCR、SCR、风机、泵、其他
固废处理处置系统	危险废物暂存间、残渣暂存间、废包装储存间、危险废物焚烧炉、其他

附件 C
（资料性附录）
原料药制造常用的有机溶剂

序号	CAS 号	物质	序号	CAS 号	物质
1	50-00-0	甲醛	31	75-09-2	二氯甲烷
2	56-23-5	四氯化碳	32	75-12-7	甲酰胺
3	57-55-6	丙二醇	33	75-15-0	二硫化碳
4	60-29-7	乙醚	34	75-18-3	甲硫醚
5	62-53-3	苯胺	35	75-21-8	环氧乙烷
6	64-17-5	乙醇	36	75-50-3	三甲胺
7	64-18-6	甲酸	37	75-64-9	叔丁胺
8	64-19-7	乙酸	38	75-65-0	丁醇
9	67-56-1	甲醇	39	75-69-4	一氟三氯甲烷
10	67-63-0	异丙醇	40	75-71-8	二氟二氯甲烷
11	67-64-1	丙酮	41	75-97-8	甲基叔丁基酮
12	67-66-3	氯仿	42	76-03-9	三氯乙酸
13	67-68-5	二甲基亚砜	43	78-78-4	异戊烷
14	68-12-2	二甲基甲酰胺	44	78-79-5	异戊二烯
15	71-23-8	正丙醇	45	78-84-2	异丁醛
16	71-41-0	戊醇	46	78-87-5	二氯丙烷
17	71-43-2	苯	47	78-93-3	丁酮
18	71-55-6	三氯乙烷	48	79-01-6	三氯乙烯
19	74-83-9	溴甲烷	49	79-08-3	溴乙酸
20	74-84-0	乙烷	50	79-10-7	丙烯酸
21	74-85-1	乙烯	51	79-29-8	2,3-二甲基丁烷
22	74-86-2	乙炔	52	95-50-1	邻二氯苯
23	74-87-3	氯甲烷	53	95-55-6	氨基酚
24	74-89-5	甲胺	54	96-24-2	氯代丙二醇
25	74-93-1	甲硫醇	55	98-95-3	硝基苯
26	74-98-6	丙烷	56	100-41-4	乙苯
27	75-00-3	氯乙烷	57	100-42-5	苯乙烯
28	75-01-4	氯乙烯	58	100-47-0	苯甲腈
29	75-05-8	乙腈	59	100-51-6	苯甲醇
30	75-07-0	乙醛	60	103-65-1	丙苯

续表

序号	CAS 号	物质	序号	CAS 号	物质
61	105-58-8	碳酸二乙酯	94	123-91-1	1,4-二噁烷
62	106-44-5	对甲苯酚	95	124-18-5	正癸烷
63	106-97-8	正丁烷	96	126-33-0	环丁砜
64	106-98-9	1-丁烯	97	127-18-4	四氯乙烯
65	106-99-0	1,3-丁二烯	98	127-19-5	二甲基乙酰胺
66	107-02-8	丙烯醛	99	141-78-6	乙酸乙酯
67	107-06-2	1,2-二氯乙烷	100	141-93-5	间二乙基苯
68	107-15-3	乙二胺	101	142-82-5	正庚烷
69	107-21-1	乙二醇	102	144-62-7	草酸
70	107-31-3	甲酸甲酯	103	149-57-5	异辛酸
71	107-83-5	2-甲基戊烷	104	354-58-5	1,1,1-三氯三氟乙烷
72	108-10-1	甲基异丁基酮	105	505-22-6	1,3-二噁烷
73	108-20-3	异丙醚	106	506-77-4	氰化氢
74	108-21-4	乙酸异丙酯	107	541-73-1	二氯苯
75	108-24-7	乙酸酐	108	542-75-6	二氯丙烯
76	108-39-4	间甲苯酚	109	590-18-1	顺-2-丁烯
77	108-88-3	甲苯	110	592-27-8	2-甲基庚烷
78	108-90-7	氯苯	111	592-41-6	1-己烯
79	108-91-8	环己胺	112	611-14-3	2-乙基甲苯
80	108-94-1	环己酮	113	622-96-8	4-乙基甲苯
81	108-95-2	苯酚	114	624-92-0	二甲二硫醚
82	109-52-4	戊酸	115	627-20-3	顺-2-戊烯
83	109-67-1	1-戊烯	116	628-63-7	乙酸戊酯
84	109-86-4	甲基溶纤剂	117	646-04-8	反-2-戊烯
85	109-89-7	二乙胺	118	765-30-0	环丙胺
86	109-99-9	四氢呋喃	119	1120-21-4	正十一烷
87	110-54-3	正己烷	120	1300-21-6	二氯乙烷
88	110-82-7	环己烷	121	1319-77-3	甲酚
89	110-86-1	吡啶	122	1330-20-7	二甲苯
90	112-40-3	十二烷	123	1634-04-4	甲基叔丁基醚
91	115-07-1	丙烯	124	8030-30-6	石油醚
92	121-44-8	三乙胺	125	25322-68-3	聚乙二醇
93	123-86-4	乙酸丁酯	126		其他

附件 D
（资料性附录）
原料药制造单位产品基准排水量

表 D.1　化学合成类制药工业单位产品基准排水量　　　单位：m³/t

序号	药物种类	代表性药物	单位产品基准排水量
1	神经系统类	安乃近	88
		阿司匹林	30
		咖啡因	248
		布洛芬	120
2	抗微生物感染类	氯霉素	1000
		磺胺嘧啶	280
		呋喃唑酮	2400
		阿莫西林	240
		头孢拉定	1200
3	呼吸系统类	愈创木酚甘油醚	45
4	心血管系统类	辛伐他汀	240
5	激素及影响内分泌类	氢化可的松	4500
6	维生素类	维生素 E	45
		维生素 B_1	3400
7	氨基酸类	甘氨酸	401
8	其他类	盐酸赛庚啶	1894

注：排水量计量位置与污染物排放监控位置相同。

表 D.2　发酵类制药工业排污单位单位产品基准排水量　　　单位：m³/t

序号	药物种类		代表性药物	单位产品基准排水量
1	抗生素	β-内酰胺类	青霉素	1000
			头孢菌素	1900
			其他	1200
		四环类	土霉素	750
			四环素	750
			去甲基金霉素	1200
			金霉素	500
			其他	500
		氨基糖苷类	链霉素、双氢链霉素	1450
			庆大霉素	6500

续表

序号	药物种类		代表性药物	单位产品基准排水量
1	抗生素	氨基糖苷类	大观霉素	1500
			其他	3000
		大环内酯类	红霉素	850
			麦白霉素	750
			其他	850
		多肽类	卷曲霉素	6500
			去甲万古霉素	5000
			其他	5000
		其他类	洁霉素、阿霉素、利福霉素等	6000
2	维生素		维生素 C	300
			维生素 B_{12}	115000
			其他	30000
3	氨基酸		谷氨酸	80
			赖氨酸	50
			其他	200
4	其他			1500

注：排水量计量位置与污染物排放监控位置相同。

表 D.3　提取类制药工业单位产品基准排水量　　　　单位：m^3/t

序号	类别	单位产品基准排水量
1	提取类	500

附件 E
（资料性附录）
运行管理台账

表 E.1　主要生产设施运行管理信息表

时间	批次	生产设施（设备）名称	编码	主要生产设施（设备）参数			运行状态			投料量				中间产品产量	单位	产品产量		记录人
				参数名称	参数值	单位	开始时间	结束时间	是否正常	原辅材料	单位	有机溶剂	单位			终产品产量	单位	
		发酵罐		容积														
		干燥器		时间														
		蒸馏塔		温度														
		……																

表 E.2　原辅材料信息表

时间	分类	名称	购买量	出库量	库存量	单位	纯度/%	是否有毒有害	记录人
	有机溶剂								
	其他原辅材料								

表 E.3 燃料信息表

记录内容		购买时间	来源地	具体情况	记录人
燃煤①	名称				
	购买量/t				
	灰分 %				
	硫分 %				
	挥发分 %				
	热值（MJ/kg）				
	...				
燃油	名称				
	购买量/t				
	硫分 %				
	热值（MJ/kg）				
	...				
其他					
二次转化能源②	单位				
	产生量				

① 燃煤需填写燃料灰分、硫分、挥发分及热值，燃油和燃气填写硫分及热值。

② 二次转化能源指在生产过程中产生的可利用能源的消耗量及成分。

表 E.4 废气污染治理设施运行管理信息表

设施名称①	编码	治理设施型号	运行参数②			出口风量/(m³/h)	污染物排放情况				排放口烟气温度/℃	停运时段③		药剂情况		
			参数名称	参数值	单位		污染物因子	排放浓度/(mg/m³)	排放量/(kg/d)	治理效率/%		开始时间	结束时间	名称	投加时间	投加量④/t
							SO₂									

① 是主要治理设施名称，以除尘设施为例，主要包括袋式除尘器、湿式除尘器等。

② 指设施的运行参数，包括参数名称、参数值、计量单位，以除尘器为例，以除尘效率为例，除尘效率、设计值为 90，计量单位为%。

③ 停运时段是指设施故障、维修、检修等的时间。

④ 吸附法应为更换时间。

停运情况说明：

表 E.5 废水污染治理设施运行管理信息表

设施名称①	治理设施编码	治理设施主要参数			污染物排放情况							污泥			停运时段②		药剂情况		
		参数名称	单位	参数值	进水水量/(m³/h)	污染因子	进口浓度/(mg/L)	治理效率/%	出口水量/(m³/h)	出口浓度/(mg/L)	回用水量/(m³/h)	含水率/%	产生量/(t/d)	外运量/(t/d)	开始时间	结束时间	名称	投加时间	投加量/t
						……													

停运情况说明：
① 指主生产过程预处理、综合废水处理、中水回用处理设施。
② 停运时段是指治理设施故障、维修、检修等的时间段。

表 E.6 非正常工况信息表

设施名称	编号	非正常时刻	恢复时刻	污染物排放情况			事件原因	是否报告	应对措施	记录人
				污染物名称	排放浓度(标)/(mg/m³)	排放量				
锅炉										

表 E.7 废气污染物排放情况结果记录信息

采样时间	排放口编码	污染物项目	监测设施	监测结果			是否超标	数据来源	异常情况	记录人	备注
				小时浓度(标)/(mg/m³)	风量/(m³/h)	排口温度/℃					

表 E.8 废水污染物排放情况结果记录信息

采样时间	排放口编号	污染物项目	监测设施	监测结果		是否超标	数据来源	异常情况	记录人	备注
				出口累计流量/m³	出口浓度/(mg/L)					

附件 F
（资料性附录）
执行报告

1）基本生产情况

包括许可证执行情况汇总表（表 F.1）、排污单位基本信息表（表 F.2）。报告周期内涉及新（改、扩）建项目的排污单位，执行报告应说明环评及批复，环境保护设施查验、监测、运行等情况。

表 F.1 排污许可证执行情况汇总表

项目	内容			报告周期内执行情况	备注
1 排污单位基本情况	（一）排污单位基本信息	单位名称		☐变化　☐未变化	
		注册地址		☐变化　☐未变化	
		邮政编码		☐变化　☐未变化	
		生产经营场所地址		☐变化　☐未变化	
		行业类别		☐变化　☐未变化	
		生产经营场所中心经度		☐变化　☐未变化	
		生产经营场所中心纬度		☐变化　☐未变化	
		统一社会信用代码		☐变化　☐未变化	
		技术负责人		☐变化　☐未变化	
		联系电话		☐变化　☐未变化	
		所在地是否属于重点区域		☐变化　☐未变化	
		主要污染物类别及种类		☐变化　☐未变化	
		大气污染物排放方式		☐变化　☐未变化	
		废水污染物排放规律		☐变化　☐未变化	
		大气污染物排放执行标准名称		☐变化　☐未变化	
		水污染物排放执行标准名称		☐变化　☐未变化	
		设计生产能力		☐变化　☐未变化	
	（二）产排污环节、污染物及污染治理设施	废气	①a 污染治理设施（自动生成）	a 污染物种类	☐变化　☐未变化
				a 污染治理设施工艺	☐变化　☐未变化
				a 排放形式	☐变化　☐未变化
				a 排放口位置	☐变化　☐未变化
			①b 污染治理设施（自动生成）	b 污染物种类	☐变化　☐未变化
				b 污染治理设施工艺	☐变化　☐未变化
				b 排放形式	☐变化　☐未变化
				b 排放口位置	☐变化　☐未变化
			……	……	☐变化　☐未变化

续表

项目			内容		报告周期内执行情况	备注
1 排污单位基本情况	(二)产排污环节、污染物及污染治理设施	废气	②a 污染治理设施（自动生成）	a 污染物种类	☐变化 ☐未变化	
				a 污染治理设施工艺	☐变化 ☐未变化	
				a 排放形式	☐变化 ☐未变化	
				a 排放口位置	☐变化 ☐未变化	
			②b 污染治理设施（自动生成）	b 污染物种类	☐变化 ☐未变化	
				b 污染治理设施工艺	☐变化 ☐未变化	
				b 排放形式	☐变化 ☐未变化	
				b 排放口位置	☐变化 ☐未变化	
			……	……	☐变化 ☐未变化	
		废水	① 污染治理设施（自动生成）	污染物种类	☐变化 ☐未变化	
				污染治理设施工艺	☐变化 ☐未变化	
				排放形式	☐变化 ☐未变化	
				排放口位置	☐变化 ☐未变化	
			② 污染治理设施（自动生成）	污染物种类	☐变化 ☐未变化	
				污染治理设施工艺	☐变化 ☐未变化	
				排放形式	☐变化 ☐未变化	
				排放口位置	☐变化 ☐未变化	
			……	……	☐变化 ☐未变化	
2 环境管理要求	自行监测要求		①排放口(自动生成)	监测设施	☐变化 ☐未变化	
				自动监测设施安装位置	☐变化 ☐未变化	
			①排放口(……)	监测设施	☐变化 ☐未变化	
				自动监测设施安装位置	☐变化 ☐未变化	
			②排放口(自动生成)	监测设施	☐变化 ☐未变化	
				自动监测设施安装位置	☐变化 ☐未变化	
			②排放口(……)	监测设施	☐变化 ☐未变化	
				自动监测设施安装位置	☐变化 ☐未变化	
			……	……	☐变化 ☐未变化	

注：对于选择"变化"的，应在"备注"中说明原因。

表 F. 2　排污单位基本信息表

序号	记录内容	名称	具体情况	备注②
1	产量	产品 1(自动生成)		
2		设计产量/t		
3		实际产量/t		
4		产品 1 中有机溶剂含量/%		以检测报告为准
5		……		
6	有机溶剂	名称(自动生成)		
7		上年结余量/t		纯度/%
8		购入量/t		纯度/%
9		消耗量/t		纯度/%
10		库存量/t		纯度/%
11		外卖量/t		纯度/%
12		是否为有毒有害物质		
13		……		
14	其他原辅材料	名称(自动生成)		
15		消耗量/t		
16		纯度/%		
17		是否为有毒有害物质		
18		……		
19	燃料	名称(自动生成)①		
20		消耗量/t		
21		灰分/%		
22		硫分/%		
23		挥发分/%		
24		热值/(MJ/kg)		
25		……		

续表

序号	记录内容	名称	具体情况	备注②
26	污染治理设施计划投资情况(填报周期,如涉及)	治理类型		
27		开工时间		
28		(拟)建成投产时间		
29		计划总投资		
30		报告周期内完成投资		

① 燃煤需填写燃料灰分、硫分、挥发分及热值,燃油和燃气填写硫分及热值。

② 列表中未能涵盖的信息,排污单位可以文字形式另行说明。

生产设施包括生产装置或设施、公用单元。生产设施运行情况的报告内容为报告期内按不同生产单元汇总的重要运行参数信息。排污单位可以根据需要自行补充完善表 F.3。

表 F.3 生产设施运行情况汇总表

序号	主要装置/设施/设备			关键运行参数			备注
	类型	名称	编号	名称	数量	单位	
1	生产装置或设施	XX 发酵罐	(自动生成)	运行时间		h	
				……			
		XX 反应釜		运行时间		h	
				……			
		……		……			
2	公用单元	XX 储罐		周转量		t	
				周转次数		次	
		XX 动力锅炉					
		XX 冷却塔					
		……					

2) 遵守法律法规情况

排污单位说明在许可证执行过程中是否遵守法律法规,是否配合地方环境保护主管部门和其他有环境监督管理权的工作人员职务行为,是否自觉遵守环境行政命令和环境行政决定,是否存在公众举报、投诉情况及具体环境行政处罚等行政决定执行情况。

如发生公众举报、投诉及受到环境行政处罚等情况,应进行相应的说明,并填写表 F.4。

表 F.4 公众举报、投诉及处理情况表

序号	时间	事项	处理情况

3）污染防治设施运行情况

① 污染防治设施正常运转信息。

根据自行监测数据记录及环境管理台账的相关信息，说明污染物来源及处理情况，具体包括生产工艺产生的废水废气处理措施和处理效果等。报告内容至少应包括表F.5～表F.9内容。

表 F.5 废气污染治理设施正常情况汇总表

生产设施名称	污染治理设施编号	污染治理设施名称	除尘设施			脱硫设施				脱硝设施			有机废气治理设施				污染治理设施运行费用③/万元
			布袋除尘器清灰周期及更换情况	除尘效率①		脱硫剂用量/t	脱硫副产物产生量/t	脱硫效率		脱硝还原剂用量/t	脱硝效率		药剂名称及添加量②/t	副产物名称及产生量/t	治理效率		
				设计值/%	实际值/%			设计值/%	实际值/%		设计值/%	实际值/%			设计值/%	实际值/%	
自动生成	自动生成	自动生成															
……	……	……															

① 实际除尘/脱硫/脱硝/废气治理效率为报告期内算数平均值。

② 药剂是指吸附剂及吸收剂。如不涉及药剂，无需填写。

③ 污染治理设施运行费用指主要药剂及水、电等的消耗费用，不包括人工、设备折旧和财务费用等。

表 F.6 VOCs 废气污染治理设施正常情况汇总表

生产设施名称	污染治理设施编号	污染治理设施名称	冷凝、吸收等溶剂回收性设施					直接焚烧、催化燃烧等破坏性设施					吸附、浓缩等设施									
													生物净化				设置再生回收处理装置		设置再生破坏处理装置		非再生吸附			
			进口浓度(标)/(mg/m³)	进口气量(标)/(m³/h)	设施投用时间/h	实际治理效率/%	有机溶剂回收量/t	进口浓度(标)/(mg/m³)	进口气量(标)/(m³/h)	设施投用时间/h	实际治理效率/%	有机溶剂破坏量/t	进口浓度(标)/(mg/m³)	进口气量(标)/(m³/h)	设施投用时间/h	实际治理效率/%	有机溶剂回收方式	有机溶剂回收量/t	有机溶剂破坏方式	有机溶剂破坏量/t	吸附剂装填量/t	更换周期/d	废吸附剂产生量/t	废吸附剂VOCs含量/(g/kg)
自动生成	自动生成	自动生成																						
……	……	……																						

表 F. 7 废水处理系统 VOCs 核算情况汇总表

生产设施名称	生产设施编号	污染治理设施名称	污染治理设施编号	废水处理参数				废气收集及处理					
				VOCs 进口浓度① /(mg/L)	VOCs 出口浓度① /(mg/L)	处理水量 /(t/h)	运行时数 /h	是否加盖	加盖收集面积 /m²	收集效率 /%	处理气量 /(m³/h)	VOCs 进口浓度 /(mg/m³)	运行时数 /h
自动生成	自动生成												
……	……												

① 指废水中挥发性有机化合物。

表 F. 8 固废处理处置情况汇总表

生产设施名称	生产设施编号	污染治理设施名称	污染治理设施编号	废菌渣					按照危废管理的废液					废水处理污泥					按照危废管理的废吸附剂				
				处理方式	处理量 /t	有机溶剂含量 /(g/kg)	有机溶剂破坏量 /t	有机溶剂回收量 /t	处理方式	处理量 /t	有机溶剂含量 /(g/kg)	有机溶剂破坏量 /t	有机溶剂回收量 /t	处理方式	处理量 /t	有机溶剂含量 /(g/kg)	有机溶剂破坏量 /t	有机溶剂回收量 /t	处理方式	处理量 /t	有机溶剂含量 /(g/kg)	有机溶剂破坏量 /t	有机溶剂回收量 /t
自动生成	自动生成																						
……	……																						

注：处理方式指厂内或委托有资质的单位采取的最终处理方式，如焚烧、再生、回收、其他等。以委托合同、危废处理五连单、有资质单位处理方式证明材料、回收溶剂外卖合同等为核算依据。

表F.9　废水污染治理设施正常情况汇总表

废水类别	污染治理设施名称	污染治理设施编号	污染治理设施工艺	污染因子	治理设施运行时间/d	排放去向	受纳水体名称	药剂使用量/kg	废水							处理效率/%	污泥处置方式	污染治理设施运行费用/万元
									设计处理能力	实际处理量	实际回用量	实际排放量	污泥产生量	污泥含水率	污泥外运量			
自动生成	自动生成	自动生成	自动生成	自动生成（每一个污染项目）		自动生成	自动生成											
……	……	……	……	……		……	……											

② 污染防治设施异常运转信息。

排污单位因故障等紧急情况停运污染治理设施，闲置、停运污染治理设施拆除、实施拆除，闲置停运的起止日期及相关情况；因故障等紧急情况停运污染治理设施，或污染治理设施运行异常的，排污单位应说明故障原因、废水废气等污染物排放情况，采取的应急措施及报告递交情况，报告内容参见表F.10。

如有发生污染事故，排污单位需要说明在发生污染事故时采取的措施、污染物排放情况及对周边环境造成的影响。

表F.10　污染防治设施异常情况汇总表

时间	故障设施	故障原因	各排放因子浓度			采取的应对措施
			$VOCs$/(mg/m³)	SO_2/(mg/m³)	COD/(mg/L)	
			……			……

注：1. 如废气治理设施异常，排放因子填写SO_2、NO_x、烟尘、VOCs等。
2. 如废水防治设施异常，排放因子填写COD、$NH_3\text{-}N$等因子等。

4）自行监测情况

排污单位应说明按照排污许可证中自行监测方案开展自行监测情况。自行监测情况应当说明监测点位、监测项目、监测频次、监测方法和仪器、采样方法、监测质量控制、自动监测系统联网、自动监测系统的运行维护及监测结果公开情况等，并建立台账记录报告。对于无自动监测的大气污染物和水污染物项目，排污单位应当按照自行监测数据记录总结说明排污单位开展手工监测的情况。

① 正常时段排放信息，报告内容参见表 F.11～表 F.13。

表 F.11 有组织废气污染物浓度监测数据统计表

排放口编号	污染物	监测设施	有效监测数据（小时值）数量	许可排放浓度限值/(mg/m³)	监测结果（小时浓度）/(mg/m³)			监测结果（小时浓度）（标）/(mg/m³)			超标数据数量	超标率/%	实际排放量	计量单位	监测仪器名称或型号	手工监测采样方法及个数	手工测定方法	备注
					最小值	最大值	平均值	最小值	最大值	平均值								
自动生成	自动生成	自动生成		自动生成											自动生成（可修改）	自动生成（可修改）		
……	……	……		……														

注：1. 若采用自动监测，有效监测数据数量为报告周期内剔除异常值后的数量。

2. 若采用手工监测，有效监测数据数量为报告周期内的监测次数。

3. 若采用自动和手工联合监测，有效监测数据数量为两者有效数据数量的总和。

4. 监测要求与排污许可证不一致的原因以及污染物浓度超标原因可在"备注"中进行说明。

表 F.12 无组织废气污染物浓度监测数据统计表

监测点位或排放设施	生产设施/无组织排放编号	监测时间	污染物	监测次数	许可排放浓度限值/(mg/m³)	浓度监测结果（小时浓度）/(mg/m³)	浓度监测结果（小时浓度）（标）/(mg/m³)	是否超标	实际排放量	计量单位	备注
自动生成	自动生成		自动生成		自动生成	自动生成					
……	……		……		……	……					

注：1. 排污许可证中有无组织监测要求的填写，无监测要求的可不填。

2. 超标原因等情况可在"备注"中进行说明。

表 F.13 废水污染物监测数据统计表

排放口编号	污染物	监测设施	许可排放浓度限值/(mg/L)	有效监测数据(日均值)数量	浓度监测结果(日均浓度)/(mg/L)			超标数据数量	超标率/%	实际排放量	计量单位	监测仪器名称或型号	手工监测采样方法及个数	手工测定方法	备注
					最小值	最大值	平均值								
自动生成	自动生成	自动生成	自动生成									自动生成(可修改)	自动生成(可修改)		
……	……	……	……												

注: 1. 若采用自动监测, 有效监测数据数量为报告周期内剔除异常值后的数量。
2. 若采用手工监测, 有效监测数据数量为报告周期内的监测次数。
3. 若采用自动和手工联合监测, 有效监测数据数量为两者有效数据数量的总和。
4. 监测要求与排污许可证不一致的原因以及污染物浓度超标原因等可在"备注"中进行说明。

② 特殊时段排放信息

特殊时段, 指应对重污染天气等应急预案启动时, 对排污单位有按日排放要求的时段。报告内容参见表 F.14。

表 F.14 特殊时段有组织废气污染物监测数据统计表

记录日期	排放口编号	污染物	监测设施	有效监测数据(小时值)数量	许可排放浓度限值/(mg/m³)	监测结果(小时浓度)(标)/(mg/m³)			超标数据数量	超标率/%	实际排放量	计量单位	监测仪器名称或型号	手工监测采样方法及个数	手工测定方法	备注
						最小值	最大值	平均值								
	自动生成	自动生成	自动生成		自动生成								自动生成(可修改)	自动生成(可修改)		
	……	……	……		……											

注: 1. 若采用自动监测, 有效监测数据数量为报告周期内剔除异常值后的数量。
2. 若采用手工监测, 有效监测数据数量为报告周期内的监测次数。
3. 若采用自动和手工联合监测, 有效监测数据数量为两者有效数据数量的总和。
4. 监测要求与排污许可证不一致的, 有效监测数据数量为两者有效数据数量的总和。或超标原因等可在"备注"中进行说明。

5）台账管理情况

说明排污单位在报告周期内环境管理台账的记录情况，明确环境管理台账归档、保存情况。对比分析排污单位环境管理台账的执行情况，重点说明与排污许可证中要求不一致的情况，并说明原因。说明生产运行台账是否满足接受各级环境保护主管部门检查要求。若有未按要求进行台账管理的情况，需进行记录，记录表格参见表 F.15。

表 F.15　台账管理情况表

序号	记录内容	是否完整	说明
	自动生成	□是　　□否	
	……	□是　　□否	
	……	□是　　□否	

6）实际排放情况及合规判定分析

根据排污单位自行监测数据记录及环境管理台账的相关数据信息，概述排污单位各项有组织与无组织排放源、各项污染物的排放情况，分析全年、特殊时段许可浓度限值及许可排放量的达标情况。报告内容参见表 F.16～表 F.19。

表 F.16　废气污染物实际排放量报表

排放口名称	排放口编码	污染物	年许可排放量/t	实际排放量/t
一般情况				
自动生成	自动生成	自动生成	自动生成	自动带入
		……	……	自动带入
	……	……	……	自动带入
特殊情况				
自动生成	自动生成	自动生成	自动生成	自动带入
		……	……	自动带入
	……	……	……	自动带入
全厂合计		自动生成	自动生成	
		……	……	

注：1. 如排污许可证中有许可排放速率要求的填写实际排放速率，无要求可不填。
　　2. 实际排放速率或实际排放量超标，在"备注"中说明原因。

表 F.17　废水污染物实际排放量报表

排放口编号	污染物	许可排放量/t	实际排放量/t	备注
自动生成	自动生成	自动生成		
	……	……		

续表

排放口编号	污染物	许可排放量/t	实际排放量/t	备注
……	……	……		
全厂合计	自动生成	自动生成		
	……	……		

注：实际排放量超标，在"备注"中说明原因。

表 F.18　废气污染物超标时段小时均值报表

日期	时间	排放口编号	超标污染物种类	实际排放浓度(折标)/(mg/m³)	计量单位	超标原因说明

注：实际排放浓度和实际排放量超标，在"备注"中说明原因。

表 F.19　废水污染物超标时段日均值报表

日期	时间	排放口编号	超标污染物种类	实际排放浓度/(mg/L)	计量单位	超标原因说明

注：实际排放浓度超标，在"备注"中说明原因。

　7）排污费（环境保护税）缴纳情况

　　排污单位说明根据相关环境法律法规，按照排放污染物的种类、浓度、数量等缴纳排污费（环境保护税）的情况。污染物排污费（环境保护税）缴纳信息填报内容参见表 F.20。

表 F.20　排污费（环境保护税）缴纳情况表

序号	时间	污染类型	污染物种类	污染物实际排放量/kg	污染当量值/kg	污染当量数	征收标准/元	排污费(环境保护税)/万元
		废气	自动生成					
			……					
		废水	自动生成					
			……					
合计	—	—	—					

　8）信息公开情况

　　排污单位说明依据排污许可证规定的环境信息公开要求，开展信息公开的情况。信息公开填报内容参见表 F.21。

表 F.21　信息公开情况报表

序号	分类	执行情况	是否符合排污许可证要求	备注
1	公开方式		□是　　□否	
2	时间节点		□是　　□否	
3	公开内容		□是　　□否	
……	……		……	

注：信息公开情况不符合排污许可证要求的，在"备注"中说明原因。

9）排污单位内部环境管理体系建设与运行情况

说明排污单位环境管理机构设置、专职人员配置、环境管理制度、排污单位环境保护规划、相关规章制度的建设和执行、相关责任的落实等情况。

10）其他排污许可证规定的内容执行情况

11）其他需要说明的问题

12）结论

排污单位总结报告周期内排污许可证执行情况，说明在排污许可证执行过程中存在的问题，以及下一步需要进行整改的内容。

13）附图、附件要求

年度排污许可证执行报告附图包括自行监测布点图、平面布置图（含污染治理设施分布情况）等。

附件 G
（资料性附录）
排污单位挥发性有机物实际排放量核算方法

排污单位全厂挥发性有机物的实际排放量核算方法参照黑箱模型计算。

物料衡算是在工艺流程确定后进行的。目的是根据原料与产品之间的定量转化关系计算原料的消耗量，各种中间产品、产品和副产品的产量，生产过程中各阶段的消耗量以及组成。

物料衡算通式如式（1）所列：

$$\sum G_{投入} = \sum G_{产品} + \sum G_{回收} + \sum G_{流失} \tag{1}$$

式中　　$\sum G_{投入}$——投入系统的物料总量；

　　　　$\sum G_{产品}$——系统产出的产品和副产品总量；

　　　　$\sum G_{回收}$——系统中回收的物料总量；

　　　　$\sum G_{流失}$——系统中流失的物料总量。

其中产品量应包括产品和副产品；流失量包括除产品、副产品及回收量以外各种形式的损失量，污染物排放量即包括在其中。

物料平衡计算包括总物料平衡计算、有毒有害物质物料平衡计算、有毒有害元素物料平衡计算及水平衡计算。进行有毒有害物质物料平衡计算时，当投入的物料在生产过程中发生化学反应时，可按下列总量法或定额工时进行衡算：

$$\sum G_{排放} = \sum G_{投入} - \sum G_{回收} - \sum G_{处理} - \sum G_{转化} - \sum G_{产品} \tag{2}$$

式中　　$\sum G_{排放}$——某物质以污染物形式排放的总量；

　　　　$\sum G_{投入}$——投入物料中的某物质总量；

　　　　$\sum G_{回收}$——进入回收产品中的某物质总量；

　　　　$\sum G_{处理}$——经净化处理的某物质总量；

　　　　$\sum G_{转化}$——生产过程中被分解、转化的某物质总量；

　　　　$\sum G_{产品}$——进入产品结构中的某物质总量。

采用物料平衡法计算大气污染物排放量时，必须对生产工艺、物理变化、化学反应及副反应和环境管理等情况进行全面了解，掌握原、辅助材料、燃料的成分和消耗定额、产品的产收率等基本技术数据。

原料药制造排污单位使用的挥发性有机溶剂经过若干单元、装置、设施，最终的可能去向有：未使用作为库存；随产品、副产品带走；作为商品外卖；损失量（经废气处理设施、废水处理设施、危险废物处理设施处理后变为其他物质，即破坏掉的溶剂量；经尾气排放口、外排废水等有组织排放，或者经动静密封点、储运过程等无组织排放等）。经回收处理设施对废挥发性有机溶剂进行回收后原料药制造排污单位自身再利用的，为溶剂在原料药制造排污单位的内部循环，不属于最终去向。

使用黑箱物料平衡法时，将原料药制造排污单位看作一个整体，一个大的黑箱。不必分析黑箱内的具体工艺过程和溶剂流向，而通过分析输入黑箱的挥发性有机溶剂使用量，及黑箱输出的已知去向的、可核算、可证明的挥发性有机溶剂量（包括库存、产品、副产品带走、外卖、处理设施处理破坏掉的量等），从而得到黑箱排放的挥发性有机溶剂量，如图 G.1 所示。对挥发性有机物的管控也可通过黑箱物料模型中的各输入输出源项进行减排分析和计划。

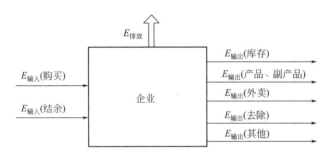

图 G.1　黑箱物料平衡法原理示意

（1）核算公式

黑箱物料平衡法采用黑箱理论计算一个原料药制造排污单位或操作单元溶剂 VOCs 的大气排放量，核算公式见式（3）～式（5）。

$$E_{排放i} = \sum E_{输入i\text{-}j} - \sum E_{输出i\text{-}k} \tag{3}$$

$$\sum E_{输入i\text{-}j} = E_{输入i\text{-}采购} + E_{输入i\text{-}结余} + \cdots + E_{输入i\text{-}j} \tag{4}$$

$$\sum E_{输入i\text{-}k} = E_{输出i\text{--库存}} + E_{输出i\text{-}产品副产品} + E_{输出i\text{-}外卖}$$
$$+ E_{输出i\text{-}废气处理} + E_{输出i\text{-}废水处理} + E_{输出i\text{-}固废处理} + \cdots + E_{输出i\text{-}k} \tag{5}$$

式中　$E_{排放i}$——核算期内，企业排放的挥发性有机物 i（单物质）的量，kg；

$E_{输入i\text{-}j}$——核算期内，以 j 种形式输入企业的挥发性有机溶剂 i（单物质）的量，kg；

$E_{输出i\text{-}k}$——核算期内，以 k 种形式从企业输出的挥发性有机溶剂 i（单物质）的量，kg。

（2）公式要求

以各种形式输入、输出企业或操作单元的挥发性有机溶剂量均需提供相关有效证明材料方有效。部分输入、输出量的有效证明材料（核算依据）如下（包括但不限于以下内容）：

$E_{输入i\text{-}采购}$：核算期内，企业采购的挥发性有机溶剂 i（单物质）的量（kg），以溶剂 i 的购买发票及出库、入库量的日常记录等结算凭证为核算依据。

$E_{输入i\text{-}结余}$：核算期内，以结余的形式输入企业的挥发性有机溶剂 i（单物质）

的量，以上个核算期结束时的库存量为核算依据。

$E_{输出i-库存}$：核算期内，企业未使用作为库存的挥发性有机溶剂 i（单物质）的量，以企业的相关日常记录为核算依据。

$E_{输出i-产品、副产品}$：核算期内，随产品、副产品带走的挥发性有机溶剂 i（单物质）的量，以产品、副产品检测报告及销售发票为核算依据。

$E_{输出i-废气处理}$：核算期内，经废气处理装置处理后转变为非挥发性有机物质的溶剂 i（单物质）的量。其中：①以冷凝、吸收等回收设施回收的溶剂 i 量，作为企业内部循环使用时，不计入 $E_{输出i-废气处理}$；②以直接焚烧、催化燃烧、生物净化等废气处理设施处理的溶剂 i 量，以进出口废气中 i 物质的监测报告、进口废气量、实际燃烧效率及设施投用率等为核算依据；③以活性炭吸附等废气处理设施处理的溶剂 i 量，若企业设置后续的再生处理装置或对废活性炭委托处理，使溶剂 i 变为非挥发性有机物质的，提供相关的证明材料，并以证明材料为核算依据。

$E_{输出i-废水处理}$：核算期内，经废水处理装置处理后转变为非挥发性物质的溶剂 i（单物质）的量，仅指含溶剂 i 的废水在处理过程中降解转化为其他物质的量及处理装置出水中的溶剂 i 量，不包含挥发进入大气的溶剂 i 量，企业自行提供监测等资料作为核算依据。

加盖并设废气处理设施的废水收集和处理设施（不包括生化处理装置），废水集输、储存、处理处置过程 $E_{输出i-废水处理}$（kg）核算方法采用实测法，通过测定废水处理设施进、出口 VOCs 浓度、废水量、运行时间，废气的收集效率、废气处理设施进口 VOCs 浓度、处理气量、运行时间等计算，见式(6)。未加盖的废水收集和处理设施则按 $E_{输出i-废水处理}$ 为零计算。

$$E_{输出i-废水处理} = \sum_{j=1}^{k} Q_{w,j} \times (VOCs_{i,j,进水} - VOCs_{i,j,出水}) \times t_{j,总} \times 10^{-3}$$
$$- \sum_{j=1}^{k} Q_{j,g} \times VOCs_{i,j,进气} \times t_{j,g} / \eta_{j,收集} \times 10^{-6} \tag{6}$$

式中　$Q_{w,j}$——废水收集、处理系统 j 工段的废水流量，m^3/h；

$VOCs_{i,j,进水}$——废水收集、处理系统 j 工段进水中的挥发性有机物 i 的浓度，mg/L；

$VOCs_{i,j,出水}$——废水收集、处理系统 j 工段出水中的挥发性有机物 i 的浓度，mg/L；

$t_{j,总}$——j 工段废水处理设施运行的小时数，h；

$Q_{j,g}$——j 工段废气处理设施进口废气处理流量，m^3/h；

$VOCs_{i,j,进气}$——j 工段对应的废气收集、处理系统进气中的挥发性有机物 i 的浓度，mg/m^3；

$t_{j,g}$——j 工段被废气处理设施收集处理的小时数，h；

k——废水收集、处理系统工段个数；

$\eta_{j,\text{收集}}$——j 工段加盖收集进入废气处理设施挥发性有机物的收集效率，%。

$E_{\text{输出}i\text{-固废处理}}$：核算期内，经固废处理装置处理后转变为非挥发性有机物的溶剂 i（单物质）的量。其中：①含溶剂 i 的废液、废活性炭等危险废物，委托有资质的单位处理：有资质单位采用焚烧等方式处理掉的量，或有资质单位对废液、废活性炭采用再生、回收处理方式并对回收的溶剂 i 进行外卖时，以委托合同、危废处理五连单、有资质单位处理方式证明材料、回收溶剂 i 外卖合同等为核算依据；②资质单位以其他处理方式（如填埋等）处理含溶剂 i 的固废时，委托处置的溶剂 i 的废液量不计作 $E_{\text{输出}i\text{-固废处理}}$ 的量。

附录二 排污许可证管理暂行规定

关于印发《排污许可证管理暂行规定》的通知

各省、自治区、直辖市环境保护厅（局），新疆生产建设兵团环境保护局：

为贯彻落实《控制污染物排放许可制实施方案》（国办发〔2016〕81号），规范排污许可证申请、审核、发放、管理等程序，我部组织编制了《排污许可证管理暂行规定》。现印发给你们，请遵照执行。各地可根据《排污许可证管理暂行规定》，进一步细化管理程序和要求，制定本地实施细则。

特此通知。

环境保护部

2016年12月23日

第一章 总 则

第一条 为规范排污许可证管理，根据《中华人民共和国环境保护法》《中华人民共和国水污染防治法》《中华人民共和国大气污染防治法》《中华人民共和国行政许可法》等法律规定和《国务院办公厅关于印发控制污染物排放许可制实施方案的通知》（国办发〔2016〕81号），制定本规定。

第二条 排污许可证的申请、核发、实施、监管等行为，适用本规定。

第三条 本规定所称排污许可，是指环境保护主管部门依排污单位的申请和承诺，通过发放排污许可证法律文书形式，依法依规规范和限制排污单位排污行为并明确环境管理要求，依据排污许可证对排污单位实施监管执法的环境管理制度。

本规定所称排污单位特指纳入排污许可分类管理名录的企业事业单位和其他生产经营者。

第四条 下列排污单位应当实行排污许可管理。

（一）排放工业废气或者排放国家规定的有毒有害大气污染物的企业事业单位。

（二）集中供热设施的燃煤热源生产运营单位。

（三）直接或间接向水体排放工业废水和医疗污水的企业事业单位。

（四）城镇或工业污水集中处理设施的运营单位。

（五）依法应当实行排污许可管理的其他排污单位。

环境保护部按行业制订并公布排污许可分类管理名录，分批分步骤推进排污许可证管理。排污单位应当在名录规定的时限内持证排污，禁止无证排污或不按证排污。

第五条　环境保护部根据污染物产生量、排放量和环境危害程度的不同，在排污许可分类管理名录中规定对不同行业或同一行业的不同类型排污单位实行排污许可差异化管理。对污染物产生量和排放量较小、环境危害程度较低的排污单位实行排污许可简化管理，简化管理的内容包括申请材料、信息公开、自行监测、台账记录、执行报告的具体要求。

第六条　对排污单位排放水污染物、大气污染物的各类排污行为实行综合许可管理。排污单位申请并领取一个排污许可证，同一法人单位或其他组织所有，位于不同地点的排污单位，应当分别申请和领取排污许可证；不同法人单位或其他组织所有的排污单位，应当分别申请和领取排污许可证。

第七条　环境保护部负责全国排污许可制度的统一监督管理，制订相关政策、标准、规范，指导地方实施排污许可制度。

省、自治区、直辖市环境保护主管部门负责本行政区域排污许可制度的组织实施和监督。县级环境保护主管部门负责实施简化管理的排污许可证核发工作，其余的排污许可证原则上由地（市）级环境保护主管部门负责核发。地方性法规另有规定的从其规定。

按照国家有关规定，县级环境保护主管部门被调整为市级环境保护主管部门派出分局的，由市级环境保护主管部门组织所属派出分局实施排污许可证核发管理。

第八条　环境保护部负责建设、运行、维护、管理国家排污许可证管理信息平台，各地现有的排污许可证管理信息平台应实现数据的逐步接入。环境保护部在统一社会信用代码基础上，通过国家排污许可证管理信息平台对全国的排污许可证实行统一编码。排污许可证申请、受理、审核、发放、变更、延续、注销、撤销、遗失补办应当在国家排污许可证管理信息平台上进行。排污许可证的执行、监管执法、社会监督等信息应当在国家排污许可证管理信息平台上记录。

第二章　排污许可证内容

第九条　排污许可证由正本和副本构成，正本载明基本信息，副本载明基本信息、许可事项、管理要求等信息。

第十条　下列许可事项应当在排污许可证副本中载明。

（一）排污口位置和数量、排放方式、排放去向等。

（二）排放污染物种类、许可排放浓度、许可排放量。

（三）法律法规规定的其他许可事项。

对实行排污许可简化管理的排污单位，许可事项可只包括（一）以及（二）中的排放污染物种类、许可排放浓度。

核发机关根据污染物排放标准、总量控制指标、环境影响评价文件及批复要求等，依法合理确定排放污染物种类、浓度及排放量。

对新改扩建项目的排污单位，环境保护主管部门对上述内容进行许可时应当将环境影响评价文件及批复的相关要求作为重要依据。

排污单位承诺执行更加严格的排放浓度和排放量并为此享受国家或地方优惠政策的，应当将更加严格的排放浓度和排放量在副本中载明。

地方人民政府制定的环境质量限期达标规划、重污染天气应对措施中，对排污单位污染物排放有特别要求的，应当在排污许可证副本中载明。

第十一条 下列环境管理要求应当在排污许可证副本中载明。

（一）污染防治设施运行、维护，无组织排放控制等环境保护措施要求。

（二）自行监测方案、台账记录、执行报告等要求。

（三）排污单位自行监测、执行报告等信息公开要求。

（四）法律法规规定的其他事项。

对实行排污许可简化管理的可做适当简化。

第十二条 排污许可证正本和副本应载明排污单位名称、注册地址、法定代表人或者实际负责人、生产经营场所地址、行业类别、组织机构代码、统一社会信用代码等排污单位基本信息，以及排污许可证有效期限、发证机关、发证日期、证书编号和二维码等信息。

排污许可证副本还应载明主要生产装置、主要产品及产能、主要原辅材料、产排污环节、污染防治设施、排污权有偿使用和交易等信息。对实行排污许可简化管理的可作适当简化。

各地可根据管理需求在排污许可证副本载明其他信息。

第三章　申请与核发

第十三条 省级环境保护主管部门可以根据环境保护部确定的期限等要求，确定本行政区域具体的申请时限、核发机关、申请程序等相关事项，并向社会公告。

第十四条 现有排污单位应当在规定的期限内向具有排污许可证核发权限的核发机关申请领取排污许可证。

新建项目的排污单位应当在投入生产或使用并产生实际排污行为之前申请领取排污许可证。

第十五条 环境保护部制定排污许可证申请与核发技术规范，排污单位依法按照排污许可证申请与核发技术规范提交排污许可申请，申报排放污染物种类、排放浓度等，测算并申报污染物排放量。

第十六条 排污单位在申请排污许可证前，应当将主要申请内容，包括排污单位基本信息、拟申请的许可事项、产排污环节、污染防治设施，通过国家排污许可证管理信息平台或者其他规定途径等便于公众知晓的方式向社会公开。公开时间不得少于 5 日。对实行排污许可简化管理的排污单位，可不进行申请前信息公开。

第十七条 排污单位应当在国家排污许可证管理信息平台上填报并提交排污许可证申请，同时向有核发权限的环境保护主管部门提交通过平台印制的书面申请材料。排污单位对申请材料的真实性、合法性、完整性负法律责任。申请材料应当包括以下内容。

（一）排污许可证申请表，主要内容包括：排污单位基本信息，主要生产装置，废气、废水等产排污环节和污染防治设施，申请的排污口位置和数量、排放方式、排放去向、排放污染物种类、排放浓度和排放量、执行的排放标准。排污许可证申请表格式见附件。

（二）有排污单位法定代表人或者实际负责人签字或盖章的承诺书。主要承诺内容包括：对申请材料真实性、合法性、完整性负法律责任；按排污许可证的要求控制污染物排放；按照相关标准规范开展自行监测、台账记录；按时提交执行报告并及时公开相关信息等。

（三）排污单位按照有关要求进行排污口和监测孔规范化设置的情况说明。

（四）建设项目环境影响评价批复文号，或按照《国务院办公厅关于加强环境监管执法的通知》（国办发〔2014〕56号）要求，经地方政府依法处理、整顿规范并符合要求的相关证明材料。

（五）城镇污水集中处理设施还应提供纳污范围、纳污企业名单、管网布置、最终排放去向等材料。

（六）法律法规规定的其他材料。

对实行排污许可简化管理的排污单位，上述材料可适当简化。

第十八条 核发机关收到排污单位提交的申请材料后，对材料的完整性、规范性进行审查，按照下列情形分别做出处理。

（一）依本规定不需要取得排污许可证的，应当即时告知排污单位不需要办理。

（二）不属于本行政机关职权范围的，应当即时作出不予受理的决定，并告知排污单位有核发权限的机关。

（三）申请材料不齐全的，应当当场或在五日内出具一次性告知单，告知排污单位需要补充的全部材料。逾期不告知的，自收到申请材料之日起即为受理。

（四）申请材料不符合规定的，应当当场或在五日内出具一次性告知单，告知排污单位需要改正的全部内容。可以当场改正的，应当允许排污单位当场改正。逾期不告知的，自收到申请材料之日起即为受理。

（五）属于本行政机关职权范围，申请材料齐全、符合规定，或者排污单位按要求提交全部补正申请材料的，应当受理。

核发机关应当在国家排污许可证管理信息平台上做出受理或者不予受理排污许可申请的决定，同时向排污单位出具加盖本行政机关专用印章和注明日期的受理单或不予受理告知单。

第十九条 核发机关根据排污单位申请材料和承诺，对满足下列条件的排污单位核发排污许可证，对申请材料中存在疑问的，可开展现场核查。

（一）不属于国家或地方政府明确规定予以淘汰或取缔的。

（二）不位于饮用水水源保护区等法律法规明确规定禁止建设区域内。

（三）有符合国家或地方要求的污染防治设施或污染物处理能力。

（四）申请的排放浓度符合国家或地方规定的相关标准和要求，排放量符合排污许可证申请与核发技术规范的要求。

（五）申请表中填写的自行监测方案、执行报告上报频次、信息公开方案符合相关技术规范要求。

（六）对新改扩建项目的排污单位，还应满足环境影响评价文件及其批复的相关要求，如果是通过污染物排放等量或减量替代削减获得总量指标的，还应审核被替代削减的排污单位排污许可证变更情况。

（七）排污口设置符合国家或地方的要求。

（八）法律法规规定的其他要求。

核发机关根据审核结果，自受理申请之日起二十日内做出是否准予许可的决定。二十日内不能做出决定的，经本行政机关负责人批准，可以延长十日，并将延长期限理由告知排污单位。依法需要听证、检验、检测和专家评审的，所需时间不计算在本规定的期限内。行政机关应当将所需时间书面告知申请人。

核发机关做出准予许可决定的，必须向国家排污许可管理信息平台提交审核结果材料并申请获取全国统一的排污许可证编码。

核发机关应自作出许可决定起十日内，向排污单位发放加盖本行政机关印章的排污许可证，并在国家排污许可证管理信息平台上进行公告；做出不予许可决定的，核发机关应当出具不予许可书面决定书，书面告知排污单位不予许可的理由以及享有依法申请行政复议或提请行政诉讼的权利，并在国家排污许可证管理信息平台上进行公告。

第二十条 在排污许可证有效期内，下列事项发生变化的，排污单位应当在规定时间内向原核发机关提出变更排污许可证的申请。

（一）排污单位名称、注册地址、法定代表人或者实际负责人等正本中载明的基本信息发生变更之日起二十日内。

（二）第十条中许可事项发生变更之日前二十日内。

（三）排污单位在原场址内实施新改扩建项目应当开展环境影响评价的，在通过环境影响评价审批或者备案后，产生实际排污行为之前二十日内。

（四）国家或地方实施新污染物排放标准的，核发机关应主动通知排污单位进行变更，排污单位在接到通知后二十日内申请变更。

（五）政府相关文件或与其他企业达成协议，进行区域替代实现减量排放的，应在文件或协议规定时限内提出变更申请。

（六）需要进行变更的其他情形。

第二十一条 申请变更排污许可证的，应当提交下列申请材料。

（一）排污许可证申请表。

（二）排污许可证正本、副本复印件。

（三）与变更排污许可事项有关的其他材料。

排污单位应当书面承诺对变更申请材料的真实性、合法性、完整性负法律责任以及严格执行变更后排污许可证的规定。

第二十二条 核发机关应当对变更申请材料进行审查。同意变更的，在副本中载明变更内容并加盖本行政机关印章，发证日期和有效期与原证书一致。

发生第二十条第一项变更的，核发机关应当自受理变更申请之日起十日内做出变更决定，并换发排污许可证正本。发生其他变更的，核发机关应当自受理变更申请之日起二十日内做出变更许可决定。

第二十三条 排污许可证有效期届满后需要继续排放污染物的，排污单位应当在有效期届满前三十日向原核发机关提出延续申请。

第二十四条 申请延续排污许可证的，应当提交下列材料。

（一）排污许可证申请表。

（二）排污许可证正本、副本复印件。

（三）与延续排污许可事项有关的其他材料。

第二十五条 核发机关应当对延续申请材料进行审查。同意延续的，应当自受理延续申请之日起二十日内做出延续许可决定，向排污单位发放加盖本行政机关印章的排污许可证，并在国家排污许可证管理信息平台上进行公告，同时收回原排污许可证正本、副本。

第二十六条 有下列情形之一的，排污许可证核发机关或其上级机关，可以撤销排污许可决定并及时在国家排污许可证管理信息平台上进行公告。

（一）超越法定职权核发排污许可证的。

（二）违反法定程序核发排污许可证的。

（三）核发机关工作人员滥用职权、玩忽职守核发排污许可证的。

（四）对不具备申请资格或者不符合法定条件的申请人准予行政许可的。

（五）排污单位以欺骗、贿赂等不正当手段取得排污许可证的。

（六）依法可以撤销排污许可决定的其他情形。

第二十七条 有下列情形之一的，核发机关应当依法办理排污许可证的注销手续并及时在国家排污许可证管理信息平台上进行公告。

（一）排污许可证有效期届满，未延续的。

（二）排污单位被依法终止不再排放污染物的。

（三）法律规定应当注销的其他情形。

第二十八条 排污许可证发生遗失、损毁的，排污单位应当在三十日内向原核发机关申请补领排污许可证，遗失排污许可证的还应同时提交遗失声明，损毁排污许可证的还应同时交回被损毁的许可证。核发机关应当在收到补领申请后十日内补发排污许可证，并及时在国家排污许可证管理信息平台上进行公告。

第二十九条 排污许可证自发证之日起生效。按本规定首次发放的排污许可证有效期为三年，延续换发排污许可证有效期为五年。

第三十条 禁止涂改、伪造排污许可证。禁止以出租、出借、买卖或其他方式转让排污许可证。排污单位应当在生产经营场所内方便公众监督的位置悬挂排污许可证正本。

第三十一条 环境保护主管部门实施排污许可不得收取费用。

第四章　实施与监管

第三十二条 排污单位应当严格执行排污许可证的规定，遵守下列要求。

（一）排污口位置和数量、排放方式、排放去向、排放污染物种类、排放浓度和排放量、执行的排放标准等符合排污许可证的规定，不得私设暗管或以其他方式逃避监管。

（二）落实重污染天气应急管控措施、遵守法律规定的最新环境保护要求等。

（三）按排污许可证规定的监测点位、监测因子、监测频次和相关监测技术规范开展自行监测并公开。

（四）按规范进行台账记录，主要内容包括生产信息、燃料、原辅材料使用情况、污染防治设施运行记录、监测数据等。

（五）按排污许可证规定，定期在国家排污许可证管理信息平台填报信息，编制排污许可证执行报告，及时报送有核发权的环境保护主管部门并公开，执行报告主要内容包括生产信息、污染防治设施运行情况、污染物按证排放情况等。

（六）法律法规规定的其他义务。

第三十三条 环境保护主管部门应依据排污许可证对排污单位排放污染物行为进行监管执法，检查许可事项的落实情况，审核排污单位台账记录和许可证执行报告，检查污染防治设施运行、自行监测、信息公开等排污许可证管理要求的执行情况。

对投诉举报多、有严重违法违规记录等情况的排污单位，要提高抽查比例；对实行排污许可简化管理的排污单位以及环保诚信度高、无违法违规记录的排污单位，可减少检查频次。

在国家排污许可证管理信息平台上公布监督检查情况，对检查中发现违反排污许可证行为的，应记入企业信用信息公示系统。

环境保护主管部门可通过政府购买服务的方式，委托第三方机构对排污单位的台账记录和执行报告进行审核，提出审核意见，作为环境保护主管部门监督检查的依据。

第三十四条 上级环境保护主管部门可采取随机抽查的方式对具有核发权限的下级环境保护管理部门的排污许可证核发情况进行监督检查和指导。

对违规发放的排污许可证，上级环境保护主管部门可根据本规定撤销许可，并责令改正；对于下级环境保护主管部门违反规定发放排污许可证，情节特别严重的，由上级环境保护主管部门撤销违规发放的排污许可证并责令整改，对直接负责核发的主管人员和其他直接责任人员依法给予行政处分。

第三十五条 鼓励社会公众、新闻媒体等对排污单位的排污行为进行监督。排污单位应及时公开信息，畅通与公众沟通的渠道，自觉接受公众监督。公民、法人和其他组织发现违反本规定行为的，有权向环境保护主管部门举报。接受举报的环境保护主管部门应当依法调查处理，并按有关规定对调查结果予以反馈，同时为举报人保密。

第三十六条 除涉及国家机密或商业秘密之外，排污单位应当按本规定第十一条第（三）项规定，及时在国家排污许可证管理信息平台上公开相关信息；环境保护主管部门应当在国家排污许可管理信息平台公开排污许可监督管理和执法信息。

国家排污许可证管理信息平台应当公布排污许可的管理服务指南和相关配套文件。管理服务指南应当列明排污许可证办理流程、办理时限、所需的申请材料、受理方式、审核要求等内容。

第五章　附　则

第三十七条 在本规定实施前依据地方性法规核发的排污许可证仍然有效。原核发机关应当在国家排污许可证管理信息平台填报数据，获取排污许可证编码。

对于其他仍在有效期内的排污许可证，持证排污单位应按照《国务院办公厅关于印发控制污染物排放许可制实施方案的通知》（国办发〔2016〕81号）和本规定，向具有核发权限的机关申请核发排污许可证。

附 1　承诺书

承 诺 书
（ 样　本 ）

××环境保护局：

　　我单位已了解《排污许可证管理暂行规定》及其他相关文件规定，知晓本单位的责任、权利和义务。我单位对所提交排污许可证申请材料的完整性、真实性和合法性承担法律责任。我单位将严格按照排污许可证的规定排放污染物、规范运行管理、运行维护污染防治设施、开展自行监测、进行台账记录并按时提交执行报告、及时公开信息。我单位一旦发现排放行为与排污许可证规定不符，将立即采取措施改正并报告环境保护主管部门。我单位将配合环境保护主管部门监管和社会公众监督，如有违法违规行为，将积极配合调查，并依法接受处罚。

　　特此承诺。

单位名称：（盖章）

法定代表人（实际负责人）：（签字）

年　　月　　日

附2 排污许可证申请表

排污许可证申请表
（试 行）
（首次申请□延续□变更□）

单位名称：

注册地址：

行业类别：

生产经营场所地址：

组织机构代码：

统一社会信用代码：

法定代表人（实际负责人）：

技术负责人：

固定电话：

移动电话：

申请日期： 年 月 日

一、排污单位基本情况

（一）排污单位基本信息

表 1　排污单位基本信息表

单位名称	自动生成	注册地址	自动生成
生产经营场所地址	自动生成	邮政编码①	
行业类别	自动生成	是否投产②	□是　　□否
投产日期③	年月日		
生产经营场所中心经度④	°　′　″	生产经营场所中心纬度⑤	°　′　″
组织机构代码	自动生成	统一社会信用代码	自动生成
技术负责人	自动生成	联系电话	自动生成
所在地是否属于重点区域⑥	□是 □否		
是否有环评批复文件⑦	□是 □否	环境影响评价批复文号（备案编号）	
		……	……
是否有竣工环保验收批复文件⑧	□是 □否	"三同时"验收批复文件文号	
		……	……
是否有地方政府对违规项目的认定或备案文件⑨	□是 □否	认定或备案文件文号	
是否有主要污染物总量分配计划文件⑩	□是 □否	总量分配计划文件文号	
二氧化硫总量指标/(t/a)		氮氧化物总量指标/(t/a)	
化学需氧量总量指标/(t/a)		氨氮总量指标/(t/a)	
其他污染物总量指标（如有）			
……	……	……	……

① 指生产经营场所地址所在地邮政编码。

② 2015 年 1 月 1 日起，正在建设过程中，或已建成但尚未投产的，选"否"；已经建成投产并产生排污行为的，选"是"。

③ 指已投运的排污单位正式投产运行的时间，对于分期投运的排污单位，以先期投运时间为准。

④、⑤ 指生产经营场所中心经纬度坐标，可手工填写经纬度，也可通过排污许可证管理信息平台中的GIS 系统点选后自动生成经纬度。

⑥ "重点区域"指《重点区域大气污染防治"十二五"规划》中提及的京津冀、长三角、珠三角地区，以及辽宁中部、山东、武汉及其周边、长株潭、成渝、海峡西岸、山西中北部、陕西关中、甘宁、新疆乌鲁木齐城市群等区域。

⑦ 列出环评批复文件文号或备案编号。

⑧ 对于有"三同时"验收批复文件的排污单位，必须列出批复文件文号。

⑨ 对于按照《国务院办公厅关于印发加强环境监管执法的通知》（国办发〔2014〕56 号）要求，经地方政府依法处理、整顿规范并符合要求的项目，须列出证明符合要求的相关文件名和文号。

⑩ 对于有主要污染物总量控制指标计划的排污单位，须列出相关文件文号（或其他能够证明排污单位污染物排放总量控制指标的文件和法律文书），并列出上一年主要污染物总量指标；对于总量指标中同时包括钢铁行业和自备电厂的排污单位，应进行说明，如"二氧化硫总量指标/(t/a)"处填写内容为"1000，包括自备电厂"。

（二）主要产品及产能

表 2　主要产品及产能信息表

| 序号 | 主要生产单元名称 | 主要工艺名称① | 生产设施名称② | 生产设施编号 | 设施参数③ | | | 产品名称④ | 生产能力⑤ | 计量单位⑥ | 设计年生产时间/h⑦ | 其他 |
					参数名称	设计值	计量单位					
		……	……	……	……	……	……	……	……	……	……	

① 指主要生产单元所采用的工艺名称。
② 指某生产单元中主要生产设施（设备）名称。
③ 指设施（设备）的设计规格参数，包括参数名称、设计值、计量单位。
④ 指相应工艺中主要产品名称。
⑤、⑥ 指相应工艺中主要产品设计产能。
⑦ 指设计年生产时间。

（三）主要原辅材料及燃料

表 3　主要原辅材料及燃料信息表

序号	种类①	名称②	年最大使用量	计量单位③	硫元素占比	有毒有害成分及占比④	其　他
原料及辅料							
	原料						
	……	……	……	……	……	……	……
	辅料						
	……	……	……	……	……	……	……
燃料							
序号	燃料名称	灰分	硫分	挥发分	热值	年最大使用量/（10^4 t/a、10^4 m³/a）	其　他
	……	……	……	……	……	……	……

① 指材料种类，选填"原料"或"辅料"。
② 指原料、辅料名称。
③ 指 10^4 t/a、10^4 m³/a 等。
④ 指有毒有害物质或元素，及其在原料或辅料中的成分占比，如氟元素（0.1%）。

（略）

图 1　生产工艺流程

［应包括主要生产设施（设备）、主要原燃料的流向、生产工艺流程等内容］

（略）

图 2　生产厂区总平面布置

（应包括主要工序、厂房、设备位置关系，注明厂区雨水、污水收集和运输走向等内容）

（四）产排污环节、污染物及污染治理设施

表4 废气产排污环节、污染物及污染治理设施信息表

序号	生产设施编号	生产设施名称①	对应产污环节名称②	污染物种类③	排放形式①	污染治理设施				有组织排放口编号⑥	排放口设置是否符合要求⑦	排放口类型
						污染治理设施编号	污染治理设施名称⑤	污染治理设施工艺	是否为可行技术			
……				……	□有组织 □无组织	……	……	……	□是 □否 如否，应提供相关证明材料	……	□是 □否	□主要排放口 □一般排放口
						……	……	……	……	……	……	……

① 指主要生产设施。
② 指生产设施对应的主要产污环节名称。
③ 指产生的主要污染物类型，以相应排放标准中确定的污染因子为准。
④ 指有组织排放或无组织排放。
⑤ 指污染治理设施名称，对于有组织废气，以火电行业为例，污染治理设施名称包括三电场静电除尘器、四电场静电除尘器、普通袋式除尘器、覆膜滤料袋式除尘器等。
⑥ 申请阶段排放编号由排污单位自行编制。
⑦ 指排放口设置是否符合排污口规范化整治技术要求等相关文件的规定。

表 5 废水类别、污染物及污染治理设施信息表

序号	废水类别①	污染物种类②	排放去向③	排放规律④	污染治理设施				排放口编号⑥	排放口设置是否符合要求⑦	排放口类型
					污染治理设施编号	污染治理设施名称⑤	污染治理设施工艺	是否为可行技术			
		……	……		……	……	……	□是 □否 如否，应提供相关证明材料		□是 □否	□主要排放口 □一般排放口 □设施或车间废水排放口
		……	……		……	……	……	……	……	……	……

① 指产生废水的工艺、工序，或废水类型的名称。

② 指产生的主要污染物类型，以相应排放标准中确定的污染因子为准。

③ 包括不外排；排至厂内综合污水处理站；直接进入海域；直接进入江河、湖、库等水环境；进入城市下水道（再入江河、湖、库）；进入城市集中处理设施；其他（包括回喷、回填、回灌、回用等）。对于工艺、工序产生的废水，"不外排"指全部在工序内部循环使用，"排至厂内综合污水处理站"指工序废水经处理后排至综合污水处理站。对于工序产生的废水经处理后全部回用不排放。

④ 包括连续排放，流量稳定；连续排放，流量不稳定，但有周期性规律；连续排放，流量不稳定，但有规律；连续排放，流量不稳定且无规律，属于冲击型排放；连续排放，流量稳定，但有周期性规律，且不属于冲击型排放；间断排放，流量稳定；间断排放，流量不稳定，但有周期性规律；间断排放，流量不稳定，但有规律，排放期间流量稳定；间断排放，流量不稳定，但有规律，排放期间流量不稳定，属于冲击型排放；间断排放，且不属于周期性规律、且不属于丰枯周期性规律，排放期间流量不稳定且无规律，但不属于冲击型排放。

⑤ 指主要污水处理设施名称，如"综合污水处理站""生活污水处理系统"等。

⑥ 排放口编号可按地方环境管理部门现有编号进行填写或由排污单位根据排污口规范化整治技术要求进行编制。

⑦ 指排放口设置是否符合排污口规范化要求或相关文件的规定。

二、大气污染物排放

(一)排放口

表 6 大气排放口基本情况表

序号	排放口编号	污染物种类	排放口地理坐标①		排气筒高度/m	排气筒出口内径/m②
			经度	纬度		
			° ′ ″	° ′ ″		
......	自动生成	自动生成	......	......	......	......

① 指排气筒所在地经纬度坐标,可手工填写经纬度,也可通过排污许可证管理信息平台中的 GIS 系统点选后自动生成经纬度。
② 对于不规则形状排气筒,填写等效内径。

表 7 废气污染物排放执行标准表

序号	排放口编号	污染物种类	国家或地方污染物排放标准①		环境影响评价批复要求②	承诺更加严格排放限值③
			名称	浓度限值(标)/(mg/m³)	速率限值/(kg/h)		
......	自动生成	自动生成	......	......	......		

① 指对应排放口须执行的国家或地方污染物排放标准的名称、编号及浓度限值。
② 新增污染源必填。
③ 如火电厂超低排放浓度限值。

（二）有组织排放信息

表 8　大气污染物有组织排放表

序号	排放口编号	污染物种类	申请许可排放浓度限值(标)/(mg/m³)	申请许可排放速率限值/(kg/h)	申请年许可排放量限值/(t/a)					申请特殊排放浓度限值(标)/(mg/m³)①	申请特殊时段许可排放量限值②
					第一年	第二年	第三年	第四年	第五年		
主要排放口											
	自动生成	自动生成									
	……	……	……		……						
主要排放口合计		颗粒物									
		SO₂									
		NOₓ									
		VOCs									
		……									
一般排放口											
	自动生成	自动生成			—	—	—	—	—		—
	……	……	……	……	—	—	—	—	—		—
一般排放口合计		颗粒物									
		SO₂									
		NOₓ									
		VOCs									
		……									
全厂有组织排放总计③											
全厂有组织排放总计		颗粒物									
		SO₂									
		NOₓ									
		VOCs									
		……									

① 如火电厂超低排放限值。

② 指地方政府制定的环境质量限期达标规划、重污染天气应对措施中对排污单位有更加严格的排放控制要求。

③ "全厂有组织排放总计"指的是主要排放口与一般排放口之和数据。

申请年排放量限值计算过程：包括方法、公式、参数选取过程以及计算结果的描述等内容。

（三）无组织排放信息

表 9　大气污染物无组织排放表

序号	产污环节①	污染物种类	主要污染防治措施	国家或地方污染物排放标准		年许可排放量限值/(t/a)					申请特殊时段许可排放量限值
				名称	浓度限值(标)/(mg/m³)	第一年	第二年	第三年	第四年	第五年	
	自动生成	自动生成	自动生成								
	⋯⋯	⋯⋯	⋯⋯	⋯⋯	⋯⋯	⋯⋯	⋯⋯	⋯⋯	⋯⋯	⋯⋯	⋯⋯
				全厂无组织排放总计							
全厂无组织排放总计		颗粒物									
		SO_2									
		NO_x									
		VOCs									
		⋯⋯									

① 主要可以分为设备与管线组件泄漏、储罐泄漏、装卸泄漏、废水集输储存处理、原辅材料堆存及转运、循环水系统泄漏等环节。

（四）排污单位大气排放总许可量

表 10　排污单位大气排放总许可量

序号	全厂合计	第一年	第二年	第三年	第四年	第五年
1	SO_2					
2	NO_x					
3	颗粒物					
4	VOCs					
5	⋯⋯					

注："全厂合计"指的是"全厂有组织排放总计"与"全厂无组织排放总计"之和数据、全厂总量控制指标数据两者取严。

三、水污染物排放

（一）排放口

表11　废水直接排放口基本情况表

序号	排放口编号	排放口地理坐标①		排放去向	排放规律	间歇排放时段	受纳自然水体信息		汇入受纳自然水体处地理坐标④	
		经度	纬度				名称②	受纳水体功能目标③	经度	纬度
自动生成	自动生成	° ′ ″	° ′ ″	自动生成	自动生成		名称②	受纳水体功能目标③	° ′ ″	° ′ ″
……	……	……	……	……	……	……	……	……	……	……

① 对于直接排放至地表水体的排放口，指废水排出厂界处地理坐标。指废水排出车间或车间处理设施边界设施处经纬度坐标；可手工填写经纬度，也可通过排污许可证管理信息平台中的 GIS 系统点选后自动生成经纬度。
② 指受纳水体的名称，如南沙河、太子河、温榆河等。
③ 指受纳水体的功能类别，如Ⅲ类、Ⅳ类、Ⅴ类等。
④ 对于直接排放至地表水体的排放口，指废水汇入地表水体处经纬度坐标。也可通过排污许可证管理信息平台中的 GIS 系统点选后自动生成经纬度。可手工填写经纬度，深海排放的，还应说明排污口的深度。
注：废水向海洋排放或排海排放。废水向海洋排放的，应当填写岸边直线距离。与岸线直线距离。任备注中填写。

表12　废水间接排放口基本情况表

序号	排放口编号	排放口地理坐标①		排放去向	排放规律	间歇排放时段	受纳污染物类		受纳污水处理厂信息
		经度	纬度				名称②	污染物种类	国家或地方污染物排放标准浓度限值/（mg/L）
自动生成	自动生成	° ′ ″	° ′ ″	自动生成	自动生成		名称②	污染物种类	
……	……	……	……	……	……	……	……	……	……

① 对于排至厂外城镇或工业污水集中处理设施的排放口，指废水集中处理设施的排放口，指废水排出厂界处经纬度坐标。可手工填写经纬度，也可通过排污许可证管理信息平台中的 GIS 系统点选后自动生成经纬度。
② 指厂外城镇或工业污水集中处理设施名称，如酒仙桥生活污水处理厂、宏兴化工园区污水处理厂等。

表 13　废水污染物排放执行标准表

序号	排放口编号	污染物种类	国家或地方污染物排放标准①	
			名称	浓度限值/(mg/L)
	自动生成	自动生成	……	……

① 指对应排放口须执行的国家或地方污染物排放标准的名称及浓度限值。

(二) 申请排放信息

表 14　废水污染物排放

序号	排放口编号	污染物种类	申请排放浓度限值/(mg/L)	申请年排放量限值/(t/a)①					申请特殊时段排放量限值
				第一年	第二年	第三年	第四年	第五年	
	主要排放口	自动生成		……	……	……	……	……	
		……	……						
		COD_Cr							
		NH₃-N							
		……	……						
	主要排放口合计	自动生成		—	—	—	—	—	—
		……	……						
	一般排放口	自动生成		—	—	—	—	—	—
		……	……						
	设施或车间废水排放口	自动生成		—	—	—	—	—	—
		……	……						
	全厂排放口总计	全厂排放口		—	—	—	—	—	—
		COD_Cr							
		NH₃-N							
		……	……						

① 排入城镇集中污水处理设施的生活污水无需申请可排放量。
注：申请年排放量限值计算过程：包括方法、公式、参数选取过程，以及计算结果的描述等内容。

四、环境管理要求

（一）自行监测

表15 自行监测及记录信息表

序号	污染源类别	排放口编号	监测内容①	污染物名称	监测设施	自动监测是否联网	自动监测仪器名称	自动监测设施安装位置	自动监测设施是否符合安装、运行、维护等管理要求	手工监测采样方法及个数②	手工监测频次②	手工测定方法④
	废气	自动生成	……	自动生成	□自动 □手工	□是 □否		……	□是 □否	……	……	……
		……	……	……	□自动 □手工	□是 □否	……	……	□是 □否	……	……	……
	废水	自动生成	……	自动生成	□自动 □手工	□是 □否	……	……	□是 □否	……	……	……
		……	……	……	□自动 □手工	……	……	……		……	……	……
	其他	……	……									

① 指气量、水量、温度、含氧量等项目。

② 指污染物采样方法，如对于废水污染物，"混合采样（3个、4个或5个混合）""瞬时采样（3个、4个或5个瞬时样）"；对于废气污染物，"连续采样""非连续采样（3个或多个）"。

③ 指一段时期内的监测次数要求，如1次/周、1次/月等。

④ 指污染物浓度测定方法，如测定化学需氧量的重铬酸钾法、测定氨氮的水杨酸分光光度法等。

（二）环境管理台账记录

表 16 环境管理台账信息表

序号	设施类别①	操作参数②	记录内容③	记录频次④	记录形式⑤
	生产设施				
		……	……	……	……
	污染防治设施				
		……	……	……	……

① 包括主要生产设施和污染防治设施等。

② 包括基本信息、污染治理措施运行管理信息、监测记录信息、其他环境管理信息等。

③ 基本信息包括：生产设施、治理设施的名称、工艺等排污许可证规定的各项排污单位基本信息的实际情况及与污染物排放相关的主要运行参数等；

污染治理措施运行管理信息包括 DCS 曲线等；

监测记录信息包括手工监测的记录和自动监测运维记录信息，以及与监测记录相关的生产和污染治理设施运行状况记录信息等。

④ 指一段时期内环境管理台账记录的次数要求，如 1 次/小时、1 次/日等。

⑤ 指环境管理台账记录的方式，包括电子台账、纸质台账等。

五、有核发权的地方环境保护主管部门增加的管理内容

六、改正措施（如需）

针对申请的排污许可要求，评估污染排放及环境管理现状，对需要改正的，提出改正措施。

附 3 排污许可证

排 污 许 可 证
（样　本）

正　本

证书编号：

单位名称：

注册地址：

法定代表人（实际负责人）：

生产经营场所地址：

行业类别：

组织机构代码：

统一社会信用代码：

有效期限：

自　　年　月　日起 至　　年　月　日止

发证机关（公章）：

发证日期：　　年　月　日

证书编号：

排 污 许 可 证
（ 样 本 ）

副 本

单位名称：

注册地址：

行业类别：

生产经营场所地址：

组织机构代码证：

统一社会信用代码：

法定代表人（实际负责人）：

技术负责人：

固定电话：

移动电话：

有效期限：自　　年　月　日起　至　　年　月　日止

发证机关（公章）：

发证日期：　　年 月 日

持 证 须 知

一、本证根据《排污许可证管理暂行规定》制定和发放。

二、持证者应严格按照本证规定的许可事项的规定排放污染物，严格遵守本证中的各管理要求。

三、持证者应配合县级以上环境保护主管部门的工作人员进行监督检查，如实反映情况并提供有关资料。

四、持证者应按照《排污许可证管理暂行规定》申请变更、延续或者补发排污许可证。

五、禁止涂改、伪造本排污许可证。禁止以出租、出借、买卖或其他方式转让本排污许可证。

排污许可证目录

项　目	内　容	页　码
一、排污单位基本情况	(一)排污单位基本信息	
	(二)主要产品及产能	
	(三)主要原辅材料及燃料	
	(四)产排污环节、污染物及污染治理设施	
	(五)排污权使用和交易信息	
二、大气污染物排放	(一)排放口	
	(二)有组织排放许可限值	
	(三)特殊情况下许可限值	
	(四)无组织排放许可条件	
	(五)排污单位大气排放总许可量	
三、水污染物排放	(一)排放口	
	(二)排放许可限值	
	(三)特殊情况下许可限值	
四、环境管理要求	(一)自行监测	
	(二)环境管理台账记录	
	(三)执行报告	
	(四)信息公开	
	(五)其他控制及管理要求	
五、许可证变更、延续记录		
六、其他许可内容		

一、排污单位基本情况

（一）排污单位基本信息

表1 排污单位基本信息表

单位名称		注册地址	
邮政编码		生产经营场所地址	
行业类别		投产日期	年 月 日
生产经营场所中心经度	。 ′ ″	生产经营场所中心纬度	。 ′ ″
组织机构代码		统一社会信用代码	
技术负责人		联系电话	
所在地是否属于重点区域	□是 □否		
主要污染物类别	□废气　□废水		
主要污染物种类	□颗粒物 □SO$_2$ □NO$_x$ □VOCs □其他特征污染物（　）	□COD$_{Cr}$ □NH$_3$-N □其他特征污染物（　）	
大气污染物排放形式	□有组织 □无组织	废水污染物排放规律	
大气污染物排放执行标准名称			
水污染物排放执行标准名称			

（二）主要产品及产能

表2 主要产品及产能信息表

序号	主要生产单元名称	主要工艺名称	生产设施名称	生产设施编号	设施参数			产品名称	生产能力	计量单位	设计年生产时间/h	其他
					参数名称	设计值	计量单位					
		……	……	……	……	……	……	……	……	……	……	……

(三) 主要原辅材料及燃料

表 3　主要原辅材料及燃料信息表

序号	种类	名称	年最大使用量	计量单位	硫元素占比	有毒有害成分及占比	其他
原料及辅料							
	原料						
	……	……	……	……	……	……	……
	辅料						
燃　料							
序号	燃料名称	灰分	硫分	挥发分	热值	年最大使用量/(10^4t/a、10^4m^3/a)	其他
	……	……	……	……	……	……	……

(略)

图 1　生产工艺流程图

[应包括主要生产设施 (设备)、主要原燃料的流向、生产工艺流程等内容]

(略)

图 2　生产厂区总平面布置图

(应包括主要工序、厂房、设备位置关系,注明厂区雨水、污水收集和运输走向等内容)

（四）产排污环节、污染物及污染治理设施

表4 废气产排污环节、污染物及污染治理设施信息表

序号	生产设施编号	生产设施名称	对应产污环节名称	污染物种类	排放形式	污染治理设施				有组织排放口编号	排放口设置是否符合要求	排放口类型
						污染治理设施编号	污染治理设施名称	污染治理设施工艺	是否为可行技术			
					□有组织 □无组织				□是 □否 如否，应提供相关证明材料		□是 □否	□主要排放口 □一般排放口
……		……	……	……	……	……	……	……	……	……	……	……

表5 废水类别、污染物及污染治理设施信息表

序号	废水类别	污染物种类	排放去向	排放规律	污染治理设施				排放口编号	排放口设置是否符合要求	排放口类型
					污染治理设施编号	污染治理设施名称	污染治理设施工艺	是否为可行技术			
								□是 □否 如否，应提供相关证明材料		□是 □否	□主要排放口 □一般排放口 □设施或车间废水排放口
……		……	……	……	……	……	……	……	……	……	……

（五）排污权使用和交易信息

注：如发生排污权交易，需要载明；如果未发生交易，无需载明。

二、大气污染物排放

（一）排放口

表6　大气排放口基本情况表

序号	排放口编号	污染物种类	排放口地理坐标		排气筒高度/m
			经　度	纬　度	
	自动生成	自动生成	° ′ ″	° ′ ″	
	……	……	……	……	……

（二）有组织排放许可限值

表7　大气污染物有组织排放

序号	排放口编号	污染物种类	许可排放浓度限值(标)/(mg/m³)	许可排放速率限值/(kg/h)	许可年排放量限值/(t/a)					承诺更加严格排放浓度限值
					第一年	第二年	第三年	第四年	第五年	
			主要排放口							
	自动生成	自动生成			—	—	—	—	—	
	……	……	……							
			一般排放口							
	自动生成	自动生成			—	—	—	—	—	
	……	……	……	……						
			全厂有组织排放总计							
全厂有组织排放总计		颗粒物								
		SO₂								
		NOₓ								
		VOCs								
		……								

注："全厂有组织排放总计"指的是主要排放口与一般排放口之和数据。

（三）特殊情况下许可限值

表8　特殊情况下大气污染物有组织排放

序号	排放口类型	污染物种类	许可排放时段	许可排放浓度限值(标)/(mg/m³)	许可日排放量限值/(kg/d)	许可月排放量限值/(t/月)
			环境质量限期达标规划要求			
1	主要排放口	颗粒物	×月×日至次年×月×日		—	
2		SO₂			—	
3		NOₓ			—	
4		VOCs			—	
5		……			—	

序号	排放口类型	污染物种类	许可排放时段	许可排放浓度限值(标)/(mg/m³)	许可日排放量限值/(kg/d)	许可月排放量限值/(t/月)
环境质量限期达标规划要求						
6	一般排放口	颗粒物	×月×日至次年×月×日		—	
7		SO₂			—	
8		NOₓ			—	
9		VOCs			—	
10		……			—	
11	无组织排放	颗粒物	×月×日至次年×月×日		—	
12		SO₂			—	
13		NOₓ			—	
14		VOCs			—	
15		……			—	
16	全厂合计	颗粒物	×月×日至次年×月×日	—	—	
17		SO₂		—	—	
18		NOₓ		—	—	
19		VOCs		—	—	
20		……		—	—	
重污染天气应对要求						
1	主要排放口	颗粒物				—
2		SO₂				—
3		NOₓ				—
4		VOCs				—
5		……				—
6	一般排放口	颗粒物				—
7		SO₂				—
8		NOₓ				—
9		VOCs				—
10		……				—
11	无组织排放	颗粒物				—
12		SO₂				—
13		NOₓ				—
14		VOCs				—
15		……				—

续表

序号	排放口类型	污染物种类	许可排放时段	许可排放浓度限值(标)/(mg/m³)	许可日排放量限值/(kg/d)	许可月排放量限值/(t/月)
			重污染天气应对要求			
16		颗粒物			—	—
17		SO₂			—	—
18	全厂合计	NO$_x$			—	—
19		VOCs			—	—
20		……			—	—

注：特殊情况指环境质量限期达标规划、重污染天气应对等对排污单位有更加严格的排放控制要求的情况。

（四）无组织排放许可条件

表 9　大气污染物无组织排放

序号	产污环节	污染物种类	主要污染防治措施	国家或地方污染物排放标准		年许可排放量限值/(t/a)					申请特殊时段许可排放量限值
				名称	浓度限值(标)/(mg/m³)	第一年	第二年	第三年	第四年	第五年	
自动生成	自动生成	自动生成				—	—	—	—	—	
……	……	……	……	……		……	……	……	……	……	……
			全厂无组织排放总计								
全厂无组织排放总计		颗粒物									
		SO₂									
		NO$_x$									
		VOCs									
		……									

（五）排污单位大气排放总许可量

表 10　排污单位大气排放总许可量

序号	全厂合计	第一年	第二年	第三年	第四年	第五年
1	SO₂					
2	NO$_x$					
3	颗粒物					
4	VOCs					
5	……					

注："全厂合计"指的是"全厂有组织排放总计"与"全厂无组织排放总计"数据之和、全厂总量控制指标数据两者取严。

三、水污染物排放

（一）排放口

表 11 废水直接排放口基本情况表

序号	排放口编号	排放口地理坐标		排放去向	排放规律	间歇排放时段	受纳自然水体信息		汇入受纳自然水体处地理坐标	
		经　度	纬　度				名称	受纳水体功能目标	经　度	纬　度
		° ′ ″	° ′ ″						° ′ ″	° ′ ″
	自动生成	……	……	自动生成					……	……
	……	……	……	……		……	……	……	……	……

表 12 废水间接排放口基本情况表

序号	排放口编号	排放口地理坐标		排放去向	排放规律	间歇排放时段	受纳污水处理厂信息		
		经　度	纬　度				名称	污染物种类	国家或地方污染物排放标准浓度限值/(mg/L)
		° ′ ″	° ′ ″						
	自动生成	……	……	自动生成	自动生成				
	……	……	……	……	……	……	……	……	……

（二）排放许可限值

表 13 废水污染物排放

序号	排放口编号	污染物种类	许可排放浓度限值/(mg/L)	许可年排放量限值/(t/a)				
				第一年	第二年	第三年	第四年	第五年
	主要排放口							
	自动生成	自动生成	……	—	—	—	—	—
	……	……		……	……	……	……	……

续表

序号	排放口编号	污染物种类	许可排放浓度限值 /(mg/L)	许可年排放量限值/(t/a) 第一年	第二年	第三年	第四年	第五年
	主要排放口合计	主要排放口						
		COD$_{Cr}$		—		—		—
		NH$_3$-N		—		—		—
		……						
		一般排放口						
		自动生成		—		—		—
		……		—		—		—
		设施或车间废水排放口						
		自动生成		—		—		—
		……		—		—		—
	全厂排放口总计	全厂排放口						
		COD$_{Cr}$		—		—		—
		NH$_3$-N		—		—		—
		……						

注:"全厂排放口总计"指的是,主要排放口合计数据,全厂总量控制指标数据两者取严。

（三）特殊情况下许可限值

表 14 特殊情况下废水污染物排放

序号	排污口编号	许可排放时段	许可排放浓度限值/(mg/L)	许可排放量限值/(kg/d)

注：特殊情况指环境质量限期达标规划等对排污单位有更加严格的排放控制要求的情况。

四、环境管理要求

（一）自行监测

表 15 自行监测及记录表

序号	污染源类别	排放口编号	监测内容	污染物名称	监测设施	自动监测是否联网	自动监测仪器名称	自动监测设施安装位置	自动监测设施是否符合安装、运行、维护等管理要求	手工监测采样方法及个数	手工监测频次	手工测定方法
	废气	自动生成	自动生成	自动生成	□自动 □手工	□是 □否			□是 □否			
		……	……	……	□自动 □手工	□是 □否		……	□是 □否	……	……	……
	废水	自动生成	自动生成	自动生成	□自动 □手工	□是 □否			□是 □否			
		……	……	……	……	……		……	……	……	……	……
	其他											

（二）环境管理台账记录

表 16 环境管理台账记录表

序号	设施类别	操作参数	记录内容	记录频次	记录形式
	生产设施				
		……	……	……	……
	污染防治设施				
		……	……	……	……

（三）执行报告

表 17　执行报告信息表

序　号	主　要　内　容	上　报　频　次

（四）信息公开

表 18　信息公开表

序　号	公　开　方　式	时　间　节　点	公　开　内　容

（五）其他控制及管理要求

五、许可证变更、延续记录

表 19　许可证变更、延续记录表

变　更　时　间	变更内容/事由	变更前证书编号

注：1. 在排污许可证有效期内，排污单位的名称、注册地址、法定代表人或者实际负责人等基本信息或排污口位置、排放去向、排放浓度、排放量等许可事项发生变化的，以及进行新改扩建项目，应提出变更申请。

2. 国家或地方污染物排放标准等发生变化时，核发机关应主动通知排污单位进行变更，排污单位在接到通知后二十日内申请变更。

六、其他许可内容

附录三 固定污染源排污许可分类管理名录（2017 年版）

第一条 为实施排污许可证分类管理、有序发放，根据《中华人民共和国水污染防治法》《中华人民共和国大气污染防治法》《国务院办公厅关于印发控制污染物排放许可制实施方案的通知》（国办发〔2016〕81 号）的相关规定，特制定本名录。

第二条 国家根据排放污染物的企业事业单位和其他生产经营者污染物产生量、排放量和环境危害程度，实行排污许可重点管理和简化管理。

第三条 现有企业事业单位和其他生产经营者应当按照本名录的规定，在实施时限内申请排污许可证。

第四条 企业事业单位和其他生产经营者在同一场所从事本名录中两个以上行业生产经营的，申请一个排污许可证。

第五条 本名录第一至三十二类行业以外的企业事业单位和其他生产经营者，有本名录第三十三类行业中的锅炉、工业炉窑、电镀、生活污水和工业废水集中处理等通用工序的，应当对通用工序申请排污许可证。

第六条 本名录以外的企业事业单位和其他生产经营者，有以下情形之一的，视同本名录规定的重点管理行业，应当申请排污许可证：

（一）被列入重点排污单位名录的；

（二）二氧化硫、氮氧化物单项年排放量大于 250 吨的；

（三）烟粉尘年排放量大于 1000 吨的；

（四）化学需氧量年排放量大于 30 吨的；

（五）氨氮、石油类和挥发酚合计年排放量大于 30 吨的；

（六）其他单项有毒有害大气、水污染物污染当量数大于 3000 的（污染当量数按《中华人民共和国环境保护税法》规定计算）。

第七条 本名录由国务院环境保护主管部门负责解释，并适时修订。

第八条 本名录自发布之日起施行。

序号	行业类别	实施重点管理的行业	实施简化管理的行业	实施时限	适用排污许可行业技术规范
一、畜牧业 03					
1	牲畜饲养 031，家禽饲养 032	设有污水排放口的规模化畜禽养殖场、养殖小区（具体规模化标准按《畜禽规模养殖污染防治条例》执行）	—	2019 年	畜禽养殖行业

续表

序号	行业类别	实施重点管理的行业	实施简化管理的行业	实施时限	适用排污许可行业技术规范
二、农副食品加工业 13					
2	谷物磨制 131,饲料加工 132	有发酵工艺的	—	2020 年	
3	植物油加工 133	—	不含单纯分装、调和植物油的	2020 年	
4	制糖业 134	日加工糖料能力 1000 吨及以上的原糖、成品糖或者精制糖生产	其他	2017 年	
5	屠宰及肉类加工 135	年屠宰生猪 10 万头及以上、肉牛 1 万头及以上、肉羊 15 万头及以上、禽类 1000 万只及以上的	其他	2018 年	农副食品加工工业
6	水产品加工 136	年加工能力 5 万吨及以上的（不含鱼油提取及制品制造）	年加工能力 1 万吨及以上 5 万吨以下的	2020 年	
7	其他农副食品加工 139	年加工能力 15 万吨玉米或者 1.5 万吨薯类及以上的淀粉生产或者年产能 1 万吨及以上的淀粉制品生产（含发酵工艺的淀粉制品除外）	除实施重点管理的以外,其他纳入 2015 年环境统计的淀粉和淀粉制品生产	2018 年	
三、食品制造业 14					
8	乳制品制造 144	年加工 20 万吨及以上的以生鲜牛（羊）乳及其制品为主要原料的液体乳及固体乳（乳粉、炼乳、乳脂肪、干酪等）制品制造（不包括含乳饮料和植物蛋白饮料的生产）	其他	2019 年	食品制造工业
9	调味品、发酵制品制造 146	纳入 2015 年环境统计的含发酵工艺的味精、柠檬酸、赖氨酸、酱油、醋等制造	其他（不含单纯分装的）	2019 年	
10	方便食品制造 143,其他食品制造 149	纳入 2015 年环境统计的有提炼工艺的方便食品制造、纳入 2015 年环境统计的食品及饲料添加剂制造（以上均不含单纯混合和分装的）	—	2019 年	

续表

序号	行业类别	实施重点管理的行业	实施简化管理的行业	实施时限	适用排污许可行业技术规范
	四、酒、饮料和精制茶制造业 15				
11	酒的制造 151	啤酒制造、有发酵工艺的酒精制造、白酒制造、黄酒制造、葡萄酒制造	—	2019 年	酒精、饮料制造工业
12	饮料制造 152	含发酵工艺或者原汁生产的饮料制造	—	总氮、总磷控制区域 2019年,其他 2020 年	
	五、纺织业 17				
13	棉纺织及印染精加工 171,毛纺织及染整精加工 172,麻纺织及染整精加工 173,丝绸纺织及印染精加工 174,化纤织造及印染精加工 175	含前处理、染色、印花、整理工序的,以及含洗毛、麻脱胶、缫丝、喷水织造等工序的	—	含前处理、染色、印花工序的 2017 年,其他 2020 年	纺织印染工业
	六、纺织服装、服饰业 18				
14	机织服装制造 181,服饰制造 183	含水洗工艺工序的,有湿法印花、染色工艺的	—	2020 年	纺织印染工业
	七、皮革、毛皮、羽毛及其制品和制鞋业 19				
15	皮革鞣制加工 191,毛皮鞣制及制品加工 193	含鞣制工序的	其他	含鞣制工序的制革加工 2017 年,其他 2020 年	制革及毛皮加工工业
16	羽毛(绒)加工及制品制造 194	羽毛(绒)加工	—	2020 年	羽毛(绒)加工工业
17	制鞋业 195	使用溶剂型胶黏剂或者溶剂型处理剂的	—	2019 年	制鞋工业
	八、木材加工和木、竹、藤、棕、草制品业 20				
18	人造板制造 202	年产 20 万立方米及以上	其他	2019 年	人造板工业
	九、家具制造业 21				
19	木质家具制造 211,竹、藤家具制造 212	有电镀工艺或者有喷漆工艺且年用油性漆(含稀释剂)量 10 吨及以上的、使用黏结剂的锯材、木片加工、家具制造、竹、藤、棕、草制品制造	有化学处理工艺的或者有喷漆工艺且年用油性漆(含稀释剂)量 10 吨以下的	2019 年	家具制造工业

续表

序号	行业类别	实施重点管理的行业	实施简化管理的行业	实施时限	适用排污许可行业技术规范
十、造纸和纸制品业 22					
20	纸浆制造 221	以植物或者废纸为原料的纸浆生产	—	2017 年 6 月	制浆造纸工业
21	造纸 222	用纸浆或者矿渣棉、云母、石棉等其他原料悬浮在流体中的纤维,经过造纸机或者其他设备成型,或者手工操作而成的纸及纸板的制造(包括机制纸及纸板制造、手工纸制造、加工纸制造)	—	2017 年 6 月	
22	纸制品制造 223	—	有工业废水、废气排放的纸制品制造企业	纳入 2015 年环境统计范围内的 2017 年 6 月实施,未纳入 2015 年环境统计范围但有工业废水直接或者间接排放的 2020 年实施	
十一、印刷和记录媒介复制业 23					
23	印刷 231	使用溶剂型油墨或者使用涂料年用量 80 吨及以上,或者使用溶剂型稀释剂 10 吨及以上的包装装潢印刷	—	2020 年	印刷工业
十二、石油、煤炭及其他燃料加工业 25					
24	精炼石油产品制造 251	原油加工及石油制品制造、人造原油制造	—	京津冀鲁、长三角、珠三角区域 2017 年,其他 2018 年	石化工业
25	基础化学原料制造 261	以石油馏分、天然气等为原料,生产有机化学品、合成树脂、合成纤维、合成橡胶等的工业	—	乙烯、芳烃生产 2017 年,其他 2020 年	

续表

序号	行业类别	实施重点管理的行业	实施简化管理的行业	实施时限	适用排污许可行业技术规范
十二、石油、煤炭及其他燃料加工业 25					
26	炼焦 2521	生产焦炭、半焦产品为主的煤炭加工行业	—	焦炭 2017 年,其他 2020 年	炼焦化学工业
27	煤炭加工 252	煤制天然气、合成气、煤炭提质、煤制油、煤制甲醇、煤制烯烃等其他煤炭加工	—	2020 年	现代煤化工工业
十三、化学原料和化学制品制造业 26					
28	基础化学原料制造 261	无机酸制造、无机碱制造、无机盐制造,以上均不含单纯混合或者分装的	烧碱制造、单纯混合或者分装的无机碱制造、无机盐制造、无机酸制造	总磷控制区域的无机磷化工 2019 年,其他 2020 年	无机化学工业
29	聚氯乙烯	聚氯乙烯	—	2019 年	聚氯乙烯工业
30	肥料制造 262	化学肥料制造(不含单纯混合或者分装的)	生产有机肥料、微生物肥料、钾肥的企业(不含其他生产经营者)、单纯混合或者分装的化学肥料	氮肥(合成氨)2017 年,磷肥 2019 年,其他肥料制造 2020 年	化肥工业
31	农药制造 263	化学农药制造(包含农药中间体)、生物化学农药及微生物农药制造,以上均不含单纯混合或者分装的	单纯混合或者分装的	生物化学农药及微生物农药制造 2020 年,其他 2017 年	农药制造工业
32	涂料、油墨、颜料及类似产品制造 264	涂料、染料、油墨、颜料、胶黏剂及类似产品制造,以上均不含单纯混合或者分装的	—	2020 年	涂料油墨工业
33	合成材料制造 265	初级塑料或者原状塑料的生产、合成橡胶制造、合成纤维单(聚合)体制造、陶瓷纤维等特种纤维及其增强的复合材料的制造等	—	长三角 2018 年,其他 2020 年	石化工业

续表

序号	行业类别	实施重点管理的行业	实施简化管理的行业	实施时限	适用排污许可行业技术规范
	十三、化学原料和化学制品制造业26				
34	专用化学产品制造266	化学试剂和助剂制造,水处理化学品、造纸化学品、皮革化学品、油脂化学品、油田化学品、生物工程化学品、日化产品专用化学品等专项化学用品制造,林产化学品制造,信息化学品制造,环境污染处理专用药剂材料制造,动物胶制造等,以上均不含单纯混合或者分装的	—	2020年	专用化学产品制造
35	日用化学产品制造268	肥皂及洗涤剂制造、化妆品制造、口腔清洁用品制造、香料香精制造等,以上均不含单纯混合或者分装的	—	2020年	日用化学产品制造工业
	十四、医药制造业27				
36	化学药品原料药制造271	进一步加工化学药品制剂所需的原料的生产,主要用于药物生产的医药中间体的生产	—	主要用于药物生产的医药中间体2020年,其他2017年	制药工业
37	化学药品制剂制造272	化学药品制剂制造、化学药品研发外包	—	2020年	
38	中成药生产274	—	有提炼工艺的中成药生产	2020年	
39	兽用药品制造275	兽用药品制造、兽用药品研发外包	—	2020年	
40	生物药品制品制造276	利用生物技术生产生物化学药品、基因工程药物的制造,生物药品研发外包	—	2020年	
41	卫生材料及医药用品制造277	—	卫生材料、外科敷料、药品包装材料、辅料以及其他内、外科用医药制品的制造	2020年	卫生材料及医药用品制造工业

续表

序号	行业类别	实施重点管理的行业	实施简化管理的行业	实施时限	适用排污许可行业技术规范
十五、化学纤维制造业 28					
42	纤维素纤维原料及纤维制造 281,合成纤维制造 282,非织造布制造 1781	纤维素纤维原料及纤维制造、合成纤维制造、非织造布制造	—	2020 年	化学纤维制造工业
43	溶解木浆	用于生产黏胶纤维、硝化纤维、醋酸纤维、玻璃纸、羧甲基纤维素等	—	2020 年	制浆造纸工业
十六、橡胶和塑料制品业 29					
44	橡胶制品业 291	橡胶制品制造		2020 年	橡胶制品工业
45	塑料制品业 292	人造革、发泡胶等涉及有毒原材料的,以再生塑料为原料的,有电镀工艺的塑料制品制造	其他	2020 年	塑料制品工业
十七、非金属矿物制品业 30					
46	水泥、石灰和石膏制造 301	水泥(熟料)制造	石灰制造、水泥粉磨站	石灰制造 2020 年,其他 2017 年	水泥工业
47	玻璃制造 304	平板玻璃	其他	平板玻璃制造 2017 年,其他 2020 年	玻璃工业
48	玻璃制品制造 305	—	以煤、油和天然气为燃料加热的玻璃制品制造	2020 年	玻璃工业
49	玻璃纤维和玻璃纤维增强塑料制品制造 306	—	玻璃纤维制造、玻璃纤维增强塑料制品制造	2020 年	
50	砖瓦、石材等建筑材料制造 303	以煤为基础燃料的建筑陶瓷企业	其他	2020 年	陶瓷砖瓦工业
51	陶瓷制品制造 307	年产卫生陶瓷 150 万件及以上、年产日用陶瓷 250 万件及以上	—	2018 年	
52	耐火材料制品制造 308	石棉制品制造	其他	2020 年	
53	石墨及其他非金属矿物制品制造 309	含焙烧石墨、碳素制品,多晶硅	其他	2020 年	石墨及碳素制品制造业

续表

序号	行业类别	实施重点管理的行业	实施简化管理的行业	实施时限	适用排污许可行业技术规范
十八、黑色金属冶炼和压延加工业 31					
54	炼铁 311	含炼铁、烧结、球团等工序的生产	—	京津冀及周边"2+26"城市、长三角、珠三角区域 2017 年,其他 2018 年	钢铁工业
55	炼钢 312	含炼钢等工序的生产	—	京津冀及周边"2+26"城市、长三角、珠三角区域 2017 年,其他 2018 年	
56	钢压延加工 313	年产 50 万吨及以上的冷轧	其他	京津冀及周边"2+26"城市、长三角、珠三角区域 2017 年,其他 2018 年	
57	铁合金冶炼 314	铁合金冶炼、金属铬和金属锰的冶炼	—	2020 年	
十九、有色金属冶炼和压延加工业 32					
58	常用有色金属冶炼 321	铜、铅锌、镍钴、锡、锑、铝、镁、汞、钛等常用有色金属冶炼(含再生铜、再生铝和再生铅冶炼)	—	铜、铅锌冶炼以及京津冀、长三角、珠三角区域的电解铝 2017 年,其他 2018 年	有色金属工业
59	贵金属冶炼 322	金、银及铂族金属冶炼(包括以矿石为原料)	—	2020 年	
60	有色金属合金制造 324	以有色金属为基体,加入一种或者几种其他元素所构成的合金生产	—	2020 年	
61	有色金属铸造 3392	以有色金属及其合金铸造各种成品、半成品,且年产 10 万吨及以上	年产 10 万吨以下	2020 年	
62	有色金属压延加工 325	—	有色金属压延加工	2020 年	

续表

序号	行业类别	实施重点管理的行业	实施简化管理的行业	实施时限	适用排污许可行业技术规范
	十九、有色金属冶炼和压延加工业 32				
63	稀有稀土金属冶炼 323	稀有稀土金属冶炼,不包括钍和铀等放射性金属的冶炼加工	—	2020 年	稀土行业
	二十、金属制品业 33				
64	金属表面处理及热处理加工 336	有电镀、电铸、电解加工、刷镀、化学镀、热浸镀(溶剂法)以及金属酸洗、抛光(电解抛光和化学抛光)、氧化、磷化、钝化等任一工序的,专门处理电镀废水的集中处理设施,使用有机涂层的(不含喷粉和喷塑)	其他	专业电镀企业(含电镀园区中电镀企业),专门处理电镀废水的集中处理设施 2017 年,其他 2020 年	电镀工业
65	黑色金属铸造 3391	年产 10 万吨及以上的铸铁件、铸钢件等各种成品、半成品的制造	年产 10 万吨以下的	2020 年	黑色金属铸造工业
	二十一、汽车制造业 36				
66	汽车制造 361～367	汽车整车制造,发动机生产,有电镀工艺或者有喷漆工艺且年用油性漆(含稀释剂)量 10 吨及以上的零部件和配件生产	改装汽车制造、低速载货汽车制造,电车制造,汽车车身、挂车制造及有喷漆工艺且年用油性漆(含稀释剂)量 10 吨以下的零部件和配件生产	2019 年	汽车制造行业
	二十二、铁路、船舶、航空航天和其他运输设备制造 37				
67	铁路、船舶、航空航天及其他运输设备制造 371～379	有电镀工艺或者有喷漆工艺且年用油性漆(含稀释剂)量 10 吨及以上的铁路、船舶、航空航天及其他运输设备制造,拆船、修船厂	其他	2020 年	铁路、船舶、航空航天制造行业
	二十三、电气机械和器材制造业 38				
68	电池制造 384	铅酸蓄电池制造	其他	2019 年	电池工业

序号	行业类别	实施重点管理的行业	实施简化管理的行业	实施时限	适用排污许可行业技术规范
	二十四、计算机、通信和其他电子设备制造业 39				
69	计算机制造 391，电子器件制造 397，电子元件及电子专用材料制造 398，其他电子设备制造 399	有电镀工艺或者有喷漆工艺且年用油性漆（含稀释剂）量 10 吨及以上的	其他电子玻璃、电子专用材料、电子元件、印制电路板、半导体器件、显示器件及光电子器件、电子终端产品制造等	京津冀、长三角、珠三角区域 2019 年，其他 2020 年	电子工业
	二十五、废弃资源综合利用业 42				
70	金属废料和碎屑加工处理 421，非金属废料和碎屑加工处理 422	废电子电器产品、废电池、废汽车、废电机、废五金、废塑料（除分拣清洗工艺的）、废油、废船、废轮胎等加工、再生利用	其他	2019 年	废弃资源加工工业
	二十六、电力、热力生产和供应业 44				
71	电力生产 441	除以生活垃圾、危险废物、污泥为燃料发电以外的火力发电（含自备电厂所在企业）	—	自备电厂 2017 年，其他 2017 年 6 月	火电工业
		以生活垃圾、危险废物、污泥为燃料的火力发电	—	2019 年	
	二十七、水的生产和供应业 46				
72	污水处理及其再生利用 462	工业废水集中处理厂，日处理 10 万吨及以上的城镇生活污水处理厂	日处理 10 万吨以下的城镇生活污水处理厂	2019 年	水处理
	二十八、生态保护和环境治理业 77				
73	环境治理业 772	一般工业固体废物填埋，危险废物处理处置		2019 年	—
	二十九、公共设施管理业 78				
74	环境卫生管理 782	城乡生活垃圾集中处置		2020 年	—

续表

序号	行业类别	实施重点管理的行业	实施简化管理的行业	实施时限	适用排污许可行业技术规范
	三十、机动车、电子产品和日用品修理业 81				
75	汽车、摩托车等修理与维护 811	—	营业面积 5000 平方米及以上的	2020 年	汽车、摩托车修理业
	三十一、卫生 84				
76	医院 841	床位 100 张及以上的综合医院、中医医院、中西医结合医院、民族医院、专科医院（以上均不包括社区医疗、街道和乡镇卫生院、门诊部以及仅开展保健活动的妇幼保健院），疾病预防控制中心	床位 20 张至 100 张的综合医院、中医医院、中西医结合医院、民族医院、专科医院（以上均不包括社区医疗、街道和乡镇卫生院、门诊部以及仅开展保健活动的妇幼保健院）	2020 年	医疗机构
	三十二、其他行业				
77	油库、加油站	总容量 20 万立方米及以上的	—	2020 年	—
78	干散货（含煤炭、矿石）、件杂、多用途、通用码头	单个泊位 1000 吨级及以上的内河港口、单个泊位 1 万吨级及以上的沿海港口		2020 年	
	三十三、通用工序				
79	热力生产和供应 443	单台出力 10 吨/小时及以上或者合计出力 20 吨/小时及以上的蒸汽和热水锅炉的热力生产	单台出力 10 吨/小时以下或者合计出力 20 吨/小时以下的蒸汽和热水锅炉	2019 年	锅炉工业
80	工业炉窑	工业炉窑	—	2020 年	工业炉窑
81	电镀设施	有电镀、电铸、电解加工、刷镀、化学镀、热浸镀（溶剂法）以及金属酸洗、抛光（电解抛光和化学抛光）、氧化、磷化、钝化等任一工序的	—	2019 年	电镀工业
82	生活污水集中处理、工业废水集中处理	接纳工业废水的日处理 2 万吨及以上的生活污水集中处理、工业废水集中处理	—	2019 年	水处理

附录四　固定污染源（水、大气）编码规则（试行）

一、适用范围

本规范规定了固定污染源排污许可管理的排污许可证、生产设施、治理设施、排放口的编码规则。

本规范适用于与排污许可有关的固定污染源管理的信息处理与信息交换。其他固定污染源管理也可参照使用。

二、赋予代码的对象

本规范赋予代码的对象包括排污许可制下固定污染源及其定义范畴的生产设施、污染治理设施、排放口等。

三、编码原则

（一）唯一性

保证赋码对象的唯一性，一个代码唯一标识一个赋码对象。

（二）稳定性

统一代码一经赋予，在其主体存续期间，主体信息即使发生任何变化，统一代码均保持不变。

（三）兼容性

与现有国家相关编码标准、现行各业务数据库中使用的编码规则等相衔接，体现环境管理工作的标准性、科学性和延续性。

四、排污许可编码

根据排污许可编码原则，建立排污许可编码体系框架，如图1所示。

固定污染源排污许可编码体系由固定污染源编码、生产设施编码、污染治理设施编码、排放口编码共同组成。固定污染源编码与生产设施编码一起构成该生产设施全国唯一编码，固定污染源与污染治理设施编码一起构成该治理设施的全国唯一编码，固定污染源与排放口编码一起构成该排污口的全国唯一编码。

（一）固定污染源编码

固定污染源编码分为主码和副码。

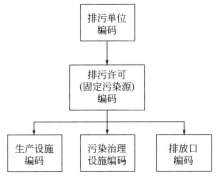

图 1 排污许可编码体系框架图

固定污染源主码，也称为排污许可证代码，主要起到唯一标识该排污许可证唯一责任单位的作用。排污许可证代码由三部分组成，如图 2 所示。

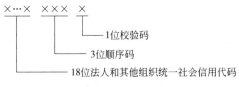

图 2 排污许可证代码结构图

第一部分（第 1～18 位）：排污单位统一社会信用代码，参照《法人和其他组织统一社会信用代码编码规则》（GB 32100）。若排污单位既无统一社会信用代码也无组织机构代码，使用"H9"、许可证核发机关行政区划码（6 位阿拉伯数字）、"0000"、同一许可证核发机关行政区划码内统一的顺序码（5 位阿拉伯数字）以及 1 位英文字母码（a～z，除 o 与 i 之外的 24 个小写英文字母）共 18 位表示。若排污单位无统一社会信用代码但有组织机构代码，使用"H9"、许可证核发机关行政区划码（6 位阿拉伯数字）、9 位组织机构代码以及 1 位英文字母码（a～z，除 o 与 i 之外的 24 个小写英文字母）共 18 位表示。其中，许可证核发机关行政区划码参照《中华人民共和国行政区划代码》（GB/T 2260）。

第二部分（第 19～21 位）：同一个统一社会信用代码单位的不同固定污染源的顺序号，使用 3 位阿拉伯数字表示，满足赋码唯一性。

第三部分（第 22 位）：校验码，使用 1 位阿拉伯数字或字母表示。

固定污染源副码，也称为排污许可证副码，主要用于区分同一个排污许可证代码下污染源所属行业，当一个固定污染源包含两个及以上行业类别时，副码也对应为多个。排污许可证副码用 4 位行业类别代码标识，结构图如图 3 所示。

第一部分（第 1～4 位）：行业类别代码，由 4 位数字组成，参照《排污许可分类管理名录》中行业类别代码，名录中没有的，参照《国民经济行业分类》（GB/T 4754）中行业类别代码。

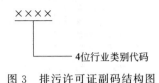

图 3　排污许可证副码结构图

（二）生产设施编码

生产设施代码组成如图 4 所示，代码总体上由生产设施标识码和流水顺序码 2 部分共 6 位字母和数字混合组成。

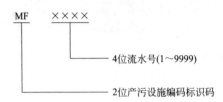

图 4　生产设备/设施代码结构图

第一部分（第 1～2 位）：生产设备/设施的编码标识，使用 2 位字母 MF（英文 Manufacture Facility 的首位字母）表示。

第二部分（第 3～6 位）：全单位统一的生产设备/设施流水顺序码，使用 4 位阿拉伯数字。

使用时固定污染源代码与生产设施代码一起构成该生产设施的全国唯一代码。

（三）治理设施编码

治理设施代码组成如图 5 所示，代码由标识码、环境要素标识符和流水顺序码 3 个部分共 5 位字母和数字混合组成。

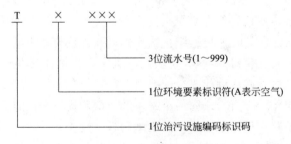

图 5　治理设施代码结构图

第一部分（第 1 位）：治理设施的编码标识，使用 1 位字母 T（英文 treatment 治污的首位字母）。

第二部分（第 2 位）：环境要素标识符，使用 1 位英文字母（英文 Air 首位字母 A 表示空气，英文 Water 首位字母 W 表示水，英文 Noise 首位字母 N 表示噪声，英文 Solid Waste 首位字母 S 表示固体废物）表示。

第三部分（第 3~5 位）：全单位统一的治理设施流水顺序码，使用 3 位阿拉伯数字。

使用时固定污染源代码与治理设施代码一起构成该治理设施全国唯一代码。

（四）排放口编码

排放口代码组成如图 6 所示，代码由标识码、排放口类别代码和流水顺序码 3 个部分共 5 位字母和数字混合组成。

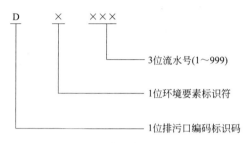

图 6 排放口代码结构图

第一部分（第 1 位）：排污口的编码标识，使用 1 位英文字母 D（Discharge Outlet 排污）表示。

第二部分（第 2 位）：环境要素标识符，使用 1 位英文字母（A 表示空气，W 表示水）表示。

第三部分（第 3~5 位）：全单位统一的排污口流水顺序码，使用 3 位阿拉伯数字表示。

使用时固定污染源代码与排放口代码一起构成该排放口全国唯一代码。

附件 A　排污许可代码示例
（资料性附录）

假设某钢铁联合有限责任公司统一社会信用代码为 911302307808371268），根据《国民经济行业分类》《排污许可分类管理名录》，该企业可能包含炼铁（含烧结、球团）3110、炼钢 3120、自备火力发电 4411、炼焦 2520，则其排污许可证代码为 911302307808371268001P，排污许可证副码为多个，分别为 3110、3120、4411、2520，如附表 A.1、附表 A.2 所示。

附表 A.1　排污许可证代码：911302307808371268001P

1～18	19	20	21	22
911302307808371268	0	0	1	P
排位单位统一社会信用代码	排污单位统一的顺序码			校验码

附表 A.2　排污许可证副码分别为：3110、3120、4411、2520

1	2	3	4
3	1	1	0
行业类别代码			
炼铁(含烧结、球团)			

1	2	3	4
3	1	2	0
行业类别代码			
炼钢			

1	2	3	4
4	4	1	1
行业类别代码			
火力发电			

1	2	3	4
2	5	2	0
行业类别代码			
炼焦			

附件 B　排污许可其他代码示例
（资料性附录）

某钢铁联合有限责任公司炼铁行业某生产设施代码为 MF0001，如附表 B.1 所示；该设施全国唯一代码为 911302307808371268001P3110 MF0001，如附表 B.2 所示。

附表 B.1　某生产设施编码

1	2	3	4	5	6
M	F	0	0	0	1
生产设施标识码		全单位统一的生产设施流水顺号			
生产设施标识码		第1号生产设施			

附表 B.2　某生产设施全国唯一编码

1～22	23～26	27	28	29	30	31	32
911302307808371268001P	3110	M	F	0	0	0	1
排污许可证代码	排污许可证副码	生产设施标识码	全单位统一的生产设施流水顺号				
某钢铁联合有限责任公司	炼铁行业	生产设施标	第1号生产设施				

某钢铁联合有限责任公司炼铁行业某废气治理设施代码为 TA001，如附表 B.3 所示；该设施全国唯一代码为 911302307808371268 001P3110TA001，如附表 B.4 所示。

附表 B.3　某废气治理设施代码：TA001

1	2	3	4	5
T	A	0	0	1
治理设施标识码	环境要素编码	按环境要素分的治理设施流水顺号		
治理设施标识码	空气	第1号空气治理设施		

附表 B.4　某污染治理设施全国唯一代码

1～22	23～26	27	28	29	30	31
911302307808371268001P	3110	T	A	0	0	1
排污许可证代码	排污许可证副码	治理设施标识码	环境要素编码	按环境要素分的治理设施流水顺号		
某钢铁联合有限责任公司	炼铁行业	治理设施标识码	空气	第1号空气治理设施		

某钢铁联合有限责任公司炼铁行业某废水排放口代码为 DW001，如附表 B.5

所示；该排放口全国唯一代码为 911302307808371268001P31 10DW001，如附表 B.6 所示。

附表 B.5　某废水排放口代码：DW001

1	2	3	4	5
D	W	0	0	1
排污口标识码	环境要素编码	按环境要素分的排污口流水号		
排污口标识码	废水	第1号废水排位口		

附表 B.6　该废水排放口全国唯一代码

1~22	23~26	27	28	29	30	31
91130230780837126801P	3110	D	W	0	0	1
排污许可证代码	排污许可证副码	排放口标识码	环境要素编码	按环境要素分的排污口流水号		
某钢铁联合有限责任公司	炼铁行业	排放口标识码	废水	第1号废水排位口		